MR TOMPKINS
IN
WONDERLAND
BY
G. GAMOW

不思議の国のトムキンス

G・ガモフ著

伏見康治譯

白 揚 社

MR TOMPKINS IN PAPERBACK
by GEORGE GAMOW

ジョージ・ガモフ
GEORGE GAMOW

1904年ロシアのオデッサに生まれる。レニングラード大学を卒業後、コペンハーゲン、ケンブリッジ大学を遊歴、ボーア教授に師事して物理学、天文学上幾多の世界的な発見をする。1934年アメリカに渡り、ジョージ・ワシントン大学教授をへて、コロラド大学物理学教授。難解な科学の問題を魅力的かつポピュラーな筆によって説明した独特な著作によって有名であり、この努力に対して、1956年ユネスコのカリンガ賞を受けた。1968年、交通事故で亡くなった。

まえがき

1938年の冬，私は短い科学空想物語ともいうべきもの——ＳＦ（空想科学小説）ではありません——を書いて，宇宙の湾曲と膨張宇宙という科学上の理論を一般人向けに解説してみようと思い立ちました。この物語の主人公としては，Ｃ．Ｇ．Ｈ．*トムキンス氏という，現代科学に興味を持つ平凡な銀行員に登場願いましたが，物語を構成する手法としては，現実に起こる相対論的現象をひどく誇張して，この平凡な主人公にも容易に観察できるようにしました。

原稿は最初は雑誌『ハーパーズ・マガジン』に送りましたが，初心者がだれでも経験するように，ことわりの付箋がついて戻ってきました。さらに雑誌社を数社選んで次つぎに送ってみましたが，結果はどこも同じでした。そこで私は原稿を机の引出しにほ

---

* トムキンス氏のイニシャルは3つの基本的な物理常数：光の速度 c，重力常数 g，および量子常数 h に由来します。とくに最後の h については，人が日常生活で充分認めうるようにするために，非常に大きな値に変更しなくてはなりませんでした。

うり込んで，すっかり忘れてしまいました。その年の夏，私は国際連盟の主催によってワルシャワで開かれた国際理論物理学会議に出席しました。ここですばらしいポーランドのミオド酒をかたむけながら親友チャールズ・ダーウィン卿——あの『種の起源』のチャールズ・ダーウィンの孫にあたる人です——とおしゃべりしているとき，話題は科学の一般向け解説におよびました。私が例の原稿のたどった不運についてダーウィンに話しますと，彼はいいました。「ガモフ，アメリカに帰ったら，その原稿を捜しだして，ケンブリッジのC．P．スノー博士に送ってみないか。博士は今，ケンブリッジ大学出版局から出ている科学啓蒙誌『ディスカバリー』の編集長をしているから。」

　さっそく私がいわれたとおりにしますと，1週間後にスノー博士から電報がとどきました。「あなたの作品は次号に掲載されます。もっと送っていただけませんか。」こんなわけで，相対性理論と量子論を解説したトムキンス氏の物語が，次つぎと『ディスカバリー』誌に載ることになりました。それから間もなく，ケンブリッジ大学出版局から，これらの作品をまとめ，ページ数を増すために物語をいくつかつけ加えて，単行本として刊行したらどうか，といってまいりました。この本は『不思議の国のトムキンス』という名で，1940年にケンブリッジ大学出版局から出版さ

れ，これまでに16刷を重ねています。この本には続編が生まれ，
『原子の国のトムキンス』という名で1944年に刊行され，9刷を
重ねています。そのうえ，これらの本は2冊ともヨーロッパのほ
とんど全部のことば（ロシア語は除く）と，ヒンズー語，中国語
それに日本語にも翻訳されています。

　最近になって，ケンブリッジ大学出版局はこの2冊の本を1冊
のペーパーバックにまとめる計画を立て，物理学と関連科学のさ
まざまの分野で，もとの本が出版された後に起こったできごとを
考慮して，古い材料を新しく改め，さらにいくつかの物語をつけ
加えたいといってきました。そこで私は，核分裂と核融合の話し
と，定常宇宙論と，素粒子についてのおもしろい問題をつけ加え
ることとし，この新しい本をまとめたわけです（訳者注：ただし
この訳本はその前半で，旧版の『不思議の国のトムキンス』に相
当する部分です。後半はガモフ全集第4巻『原子の国のトムキン
ス』に収められています）。

　さし絵についても説明しておかなくてはなりません。『ディス
カバリー』誌と『不思議の国のトムキンス』のさし絵はジョン・
フーカム氏が担当され，トムキンス氏の容貌を創造されました。
しかし『原子の国のトムキンス』を執筆していたころには，フー
カム氏はさし絵画家としての業務から引退していましたので，私

自身がフーカム氏のスタイルにできるだけ忠実に従いながらさし
絵も書こうと決心しました。この新しい本のさし絵も私自身のも
のです。詩や歌は妻バーバラの筆になったものです。

G. ガモフ

コロラド州ボールダー,
コロラド大学

目　　次

不思議の国のトムキンス

は　じ　め　に

　私たちは幼い時からずっと五感で知覚したままの世界になじんできました。知能発達のこの段階において，空間や時間や運動の基本概念が形づくられます。私たちの頭はこんな概念になじみやすく，先にいってから，これらにもとづいた外界の概念が唯一の可能のものであり，これらと異なる考え方は理屈に合わないと思うようになります。ところが，厳密な物理的観測方法や，観測で得られた関係を深く分析する方法が進歩するにつれ，現代科学はつぎのような結論に到達いたしました。すなわち，この『古典的な』基礎にもとづいて，日常の観察では一般に達し得ないような現象を，精細に記述しようとすると，まったくうまくいかないこと，および，新しい精密な実験を正確に矛盾なく記述するためには，空間や時間や運動の基本概念の変更が絶対に必要になることであります。

　しかしながら，常識的な考え方と現代物理学がもたらした考え方との差は，日常生活の経験に関するかぎりは無視し得るほど小さいのです。ところが私たちの世界と同じ物理法則が支配するけ

れども，古典的概念の適用可能の限界を定める，物理常数の数値が異なるような世界においては，現代物理学が非常に長い間苦心して研究した結果，やっと到達した空間や運動の新しく，正しい概念が常識的な知識となってしまうでしょう。そんな世界では，未開な野蛮人でさえ相対性原理や量子論に精通し，これらの理論を猟に利用したり，日常生活にとり入れることでしょう。

　これからお話しする物語の主人公は，夢の中でこんなふうな世界にはいってゆきます。そこでは常識では考えられないような現象がひどく誇張されて，日常生活のできごとにおいても簡単に見られるのです。空想的な，それでいて科学的には正確な夢の中で，トムキンス氏は年老いた物理学の教授（その娘，モード嬢とトムキンス氏はけっきょくめでたく結ばれることになりますが）に助けられます。教授は相対性，宇宙論，量子，等々の世界でトムキンス氏が見聞きした奇妙なことがらを，やさしいことばで説明してくれます。

　こんな世界でのトムキンス氏の奇妙な経験を通して，私たちの住む現実の物理的世界の背後にかくされたものを，はっきり心にえがいていただきたいのです。

第1話　の　ろ　い　町

　その日は休日で，銀行も休みでした。町のとある大きな銀行の
しがない事務員のトムキンス氏は，遅くまで寝ていた後に，ゆっ
くりと朝食をとりました。さて，その日の計画を立てるにあたっ
て，午後は映画でも見にいこうかと考えていましたので，朝刊を
開いて，娯楽欄をながめてみました。けれども，これといって見
たいと思う映画もありません。彼はだいたい映画俳優たちの際限
のないロマンスを織り込んだ，ハリウッドの作品というものが大
嫌いだったのです。何か本当に冒険的なもの，何か異様なもの，
なんなら，架空なものでもいい，そんな映画が1本でもあったな
ら！　だが1つもありません。ふとページの隅の小さな案内が目
にとまりました。その地方の大学が現代物理学の諸問題について
連続講演を行なうしらせで，今日のはアインシュタインの相対性
理論に関する講演のはずでした。うん，これは何かおもしろいか
もしれない。彼はいつか，アインシュタインの理論をほんとうに
理解している人は，世界じゅうさがしてもほんの1ダースばかり
だろう，という話しを聞いたことがありました。トムキンス氏自

ハリウッドの作品というものが。

身が第13番めの理解者に なるかもしれません。 この講演を聞き
に行こう，これこそ自分の求めているものであるかもしれないと
思いました。

　彼が大学の大きな講義室に着いた時には，もう講演が始まって
いました。室を埋めている人はほとんどが若い学生で，黒板のそ
ばの背の高いしらがの人の話しに熱心に耳を傾けていました。こ
の人は，相対性理論の基本的な考え方について説明し て い ま し
た。けれども彼がやっと理解しえた と こ ろ は，この講義の要点
は，この世には速度の限界というものがあり，それがすなわち光
の速度なんですが，運動している物体はこれより速く動くことは

不可能であり，このことから大へん奇妙な珍しい結果の生まれる
こと，それだけでした。しかしながら，光は30万キロをも1秒間
に行くほど速いものですから，日常生活のできごとには相対論的
な効果はほとんど観測されないと教授は話しました。それにして
もこんな変な効果は本当に了解に苦しむところでして，トムキン
ス氏にはみな常識はずれのことのように思えました。彼は棒の長
さが縮まるとか，時計が妙な進み方をするとかいうことを想像し
てみようとしました——こうしたことは棒や時計が光に近い速度
で運動する際に予期される効果なんですが——そのうちにいつの
間にやらトムキンス氏は夢路をたどり始めました。

　彼がふたたび目を開いた時には，彼は講義室の堅いベンチにす
わっているのではなく，バスを待つ人の便宜のためにとある町か
どにしつらえられたベンチに腰かけているのでした。それは古風
な美しい町で，その通りの両側には中世風の大学のいくつかの建
物が並んでいました。これは夢を見ているにちがいない，とトム
キンス氏は考えましたが，驚いたことに，まわりの物にはちっと
も変わったことが見られません。向こう側の町かどに立っている
おまわりさんさえ，ふつうのおまわりさんと変わりがないようで
す。通りのあちらの時計塔の大時計の針はやがて5時を指そうと
しています。通りにはほとんど人影がありませんでした。自転車

信じられないほど平たくなって。

に乗った人が1人，通りをゆっくりやってきましたが，近づくに
つれトムキンス氏はびっくりして目を見はりました。自転車の青
年がまるで円柱形のレンズで見ているかのように，運動の方向に
信じられないほど平たくなっていたのです。大時計が5時をうち
ますと，自転車の人は急ぐのでしょう，ペタルを強く踏み始めま
した。トムキンス氏にはそのために自転車のスピードが増したと
は思えませんでしたが，かの青年はますます平たくなり，まるで
トランプの絵札から切りぬいた人のようになって通りを下って行
きました。その時トムキンス氏はたいそう得意になりました。な
ぜといって，いまの自転車乗りに起こったことを理解することが

できたからなのです——それは彼がいま聞いたばかりの運動体の
収縮 *にすぎなかったのです。

　「ここではたしかに，自然界における速度の限界が低いところ
にあるのだ」と彼は解釈しました。「だから，町かどのおまわり
さんは，速いスピードで走るものを見張る必要がなく，あんなに
怠けているように 見えるのだ。」実際，その時通りを走っていた
タクシーも，世界じゅうの音を一手に引き受けているかのように
大きな音を立てていながら，先刻の自転車よりちっとも速くはな
く，まるではっているようでした。自転車の青年がちょっと人が
よさそうに見えましたので，トムキンス氏は追っかけていろいろ
たずねてみようと決心しました。そこでおまわりさんがよそ見を
しているすきに，舗道のそばにあっただれかの自転車に飛び乗る
と，まっしぐらに町を下って行きました。自分のからだがすぐさ
ま平たくなってくれるだろうと期待しました。そうなってくれれ
ば，近頃からだが太って困っていた彼にとって，大へんありがた
かったのです。ところが，まったく驚いたことに，自分自身にも
自転車にもちっともかわったことが起こらないのです。その代わ

　　*　運動体の収縮。42ページを参照して下さい。この場合では光の速
　　　度 c が小さいので，自転車の速度くらいで長さの収縮がはっきりと
　　　あらわれるのです。

通りはますます短くなって。

り，あたりの様子がまったくかわってしまいました。通りは短く
なり，店のウィンドーは細長いすきまのようになり，町かどのお
まわりさんは1度もお目にかかったことのないような薄っぺらな
人間になってしまいました。

「そうだ！」トムキンス氏は興奮して叫びました。「やっとか
らくりがわかったぞ。ここんところへ相対性ということばがはい
ってくるんだ。この私に対して相対的に動いているものは何でも
私にとって短くなるんだ，だれがペタルを踏んだって！」彼は自
転車は得意でしたので，全力をつくして青年に追いつこうとしま

した。ところがこの自転車でスピードをあげることは容易でない
ことがわかりました。あらんかぎりの力を出してペタルを踏んで
いるにもかかわらず，スピードはちっとも増してくれません。足
がぼつぼつ痛み始めましたのに，町かどに立つ街路燈のそばを通
り抜ける時にも，出発した時からみてあまり速くはなっていませ
ん。速くしようと努力しても，骨折り損のようにみえました。い
ままで会った自転車やタクシーが，あれ以上速く走れなかったわ
けが本当によくわかり，光の速度の限界を越えることは不可能で
あるといった教授のことばを思い出しました。けれども町の区画
が短くなっているので，前を行く自転車の青年も，もはやあまり
遠くはないことに気がつきました。2番目の曲がりかどで追いつ
いて2人が一瞬肩を並べた時，彼がまったくあたりまえの快活な
青年であるのにびっくりいたしました。「ああ，私たちはお互い
に相対的には動いていないからなんだ」と彼は判断しました。そ
こで青年に呼びかけました。

　「君，失礼だけど，こんなのろい速度の限界をもった町に住ん
でいて，不自由じゃないかい？」

　「速度の限界ですって？」と驚いて青年は聞き返しました。

　「ここに速度の限界なんてありはしませんよ。どこへだってい
くらでも速く行けますよ。もっとも，こんなやくざなオンボロ自

転車の代わりに，オートバイの1台でもあれば申し分はありませ
んけどね。」

「だって，さっき君は私の前をたいそうゆっくり通って行った
じゃないかね」とトムキンス氏は申しました。「私はちゃんと見
ていたんだぞ。」

「あなたが見てたって？ ご冗談でしょう。」青年は明らかにむ
っとしながら申しました。「あなたがさっき呼びかけてから， も
う5つも町かどを通りすぎたことをご存じないんですか。あなた
にはこれでもまだ速くないんですか？」

「だけど通りの方がばかに短くなっているんじゃないか」とト
ムキンス氏も負けてはいません。

「とにかく，われわれが速く走るのと通りが短くなるのとで一
体どんな違いがあるんです？ 郵便局へ行くのにかどを10ほど
すぎねばなりませんが，ペタルをはげしく踏めばかどとかどの間
が短くなって，早く行ける道理じゃありませんか。もう郵便局へ
やってきましたよ」といいながら青年は自転車から降りました。

トムキンス氏が郵便局の時計を見ると5時半を示していまし
た。「どうだ！」と彼は勝ち誇ったように申しました。「10のか
どを行くのに30分もかかってるじゃないか。 とにかく——はじ
めて君を見た時はきっちり5時だったんだからね！」

「それであなたは30分もかかったように感じますか？」と青年に問われてみると，トムキンス氏は本当に自分でもたった数分しかかかっていないと認めないわけにはゆきませんでした。その上，自分の腕時計を見ると5時をたった5分しかすぎていませんでした。

「ああ，　じゃ郵便局の時計が進んでいるのかね？」「もちろんですよ。もっとも，あまり速く走ったんであなたの時計が遅れているんだともいえますがね。どっちにしてもあなたはちと頭が変ですよ。お月さまの世界からでもおっこちてきたんですか？」といい捨てて青年は郵便局へはいって行きました。

こんな話しをかわした後で，トムキンス氏はあの年とった教授がここにいて，こんな奇妙な現象をわかりやすく説明してくれないことをつくづく残念に思いました。あの青年は初めからこんな土地に生まれついているのだから，あんよもできない前から，こんなことには慣れっこになっているに違いないのです。そこでトムキンス氏は，やむなく，こんな奇妙な国をたったひとりで探検してみることにしました。まず自分の時計を郵便局の時計に合わせてから，10分間もうまく合うかどうか確かめてみました。ところがちゃんと合いました。そこで町を歩いて駅の前まできてからふたたび時計を調べてみましたところ，驚いたことに，また少し

おお，おじいさん。

遅れているのです。「そうだ，これもまた何か相対性の影響に違いない」とトムキンス氏は考えて，だれか先刻の青年より偉い人にたずねてみようと思いました。

　いい具合にちょうど，そこへ 40 がらみ の紳士が汽車から降りて出口の方へ やってまいりました。すると まったく驚いた ことに，たいそう年のいった婦人が，「おお，おじいさん」と紳士に呼びかけるじゃありませんか。これにはさすがのトムキンス氏もまいってしまいました。彼の旅行鞄を持ってやりながら話しかけました。

　「あなたのご家庭のことに立ち入って大変失礼なのですが，あ

なたは本当にこのお年のいったご婦人のおじいさんなのですか？
おわかりでしょうが，私はこの土地にふなれなんで，けっして…
…。」

　「ええ，ええ，わかってますよ」と口もとに微笑を浮かべなが
ら紳士は申しました。「私をさすらいのユダヤ人か何かのように
お思いでしょうね。しかし問題はいたって簡単ですよ。商用のた
めに私はしょっちゅう旅行しなければならないので，ほとんど年
がら年じゅう汽車に乗っています。そのため自然，町に住んでい
る家族のものよりずっとゆっくり年をとっていくというわけなん
ですよ。私のかわいい孫娘がまだ達者でいる間に帰ってこれて大
へんうれしいのです。大へん失礼ですが，彼女を自動車で連れて
帰ってやらねばなりませんから，これで……」といいながら急い
で行きましたので，トムキンス氏の疑問はまた未解決のまま残さ
れてしまいました。駅の食堂でサンドイッチをつまんでいるうち
に，やや頭がはっきりしてきて，「かの有名な相対性原理の矛盾
をめっけたぞ」と叫びたくさえなりました。

　「そうだ。」コーヒーをちびちび飲みながら考えました。「もち
ろん，何でもかんでも相対的だったら，本当はどちらも若いとし
ても，家族にはあの紳士がたいそう年寄りのように見えるだろう
し，彼には家族のものが非常に年がいっているように見えるだろ

う。だが，こんなことをいってみたってまったくナンセンスだ。だれだって相対的な白髪なんか持ち合わせてたまるもんか！」そこで彼は最後に物事の正真正銘のところを知ろうと決心して，食堂に1人ぼっちですわっていた鉄道の制服を着けた人の方へ向きなおりました。

「親切気があったらね，君」と切り出しました。「ひとつ，なぜ汽車で旅行する人がひとつところにじっとしている人より，ずっとゆっくり年をとるかってわけを，よく知っている人を教えてくれないかね。」

「わっちが知ってまさあね」とその男はこともなげに申しました。

「ああ！」 トムキンス氏は叫びました。「君は古代錬金術の賢者の石のナゾをといたんだね。まったく医学界の大権威に違いない。ここで医局に務めているのかね？」

「と，とんでもねえ」アワをくらって答えました。「わっしゃ，たかがこの鉄道の制動手なんでさあ。」

「制動手！ 制動手というと……。」トムキンス氏はまっこうから期待を裏ぎられたので思わず叫び声をあげました。「汽車 が 駅にはいった時ブレーキをかけるあれかい？」

「へえ，それがわっちの仕事でさあ。汽車のスピードを落とす

たんびに，お客さんは他の人より相対的に年をとりまさあね，も
ちろん。」彼はけんそんしながらいいたしました。「汽車にスピー
ドをかける機関手もこの仕事に一役買ってますがね。」

「だがいつまでも若いこととどんな関係があるんだね？」トム
キンス氏はびっくりしながらたずねました。

「ええ，そいつはわっちもはっきりは知らねえんですがね，実
際そうです」と制動手はいいました。「なぜかってことを一ぺん
わっちの汽車に乗っていた大学の先生にうかがいを立てて見たん
ですがね，長い長いチンプンカンプンのご談義をおっぱじめて
ね，けっきょく，ちょうど太陽の『重力赤方変移』——こういっ
たように思うんですが——と同じようなものだっていいました
よ。お前さん赤方変移ってものを知ってますか？」

「い，いいや」とトムキンス氏は少々不審そうに申しました。
制動手は首を振り振り出て行きました。

とつぜん，大きな手がトムキンス氏の肩をゆすぶりました。気
がついてみると，彼は駅の食堂などではなく，あの教授の講演を
聞いていた講義室のベンチにすわっているのでした。もううすぐ
らくなって，室内にはほかにはだれも見あたりませんでした。ト
ムキンス氏を起こした警備員がいいました。「もう，へやを閉め
なくてはなりません。おやすみになりたいのでしたら，お帰りに

なった方がよろしいでしょう。」

　トムキンス氏は立ちあがって，出口に向かいました。

第2話　相対性理論に関する教授の講演

この講演をきいたためにトムキンス氏は
あんな奇妙な夢を見たのでした

　紳士ならびに淑女諸君

　人知発展のごく初期の段階において，空間ならびに時間は，その中でさまざまな現象の起こるところのワクであるという確固たる観念がうちたてられました。この観念は，本質的な変革は受けずに代々うけつがれ，ついに精密科学の進展とともに，宇宙の数学的叙述の基礎にまで発展しました。かの偉大なるニュートンはおそらく空間と時間の古典的概念に明確な系統的表示を与えた最初の人でしょう。彼の著書『プリンキピヤ』において「絶対的なる空間は，それ自身の性質として，外界のいかなるものとも無関係に，常に同一不動のものである。」また「絶対的なる，真の，しかして数学的なる時間は，ひとりでに，かつそれ自身の性質より，外界のいかなるものとも無関係にいちように経過してゆく」と述べています。

　この空間と時間に関する古典的な考え方が絶対的に正しいと強く信じていましたために，哲学者たちはしばしば空間や時間は先

験的に与えられたものであると考えました。また科学者もだれひとりこれを疑ってみるものすらありませんでした。

ところが，今世紀がまさに始まらんとする時に当たって，実験物理学の非常に精密な方法によって得られた実験結果を，古典的な空間時間のワクによって解釈しようとすると，明らかに矛盾をきたすことが明らかになってきました。この事実は，現代におけるもっとも偉大な物理学者の1人であるアルベルト・アインシュタインをして革命的思想をいだかしめるにいたりました。すなわち，いままで慣れ親しんだものであったにせよ，空間や時間に関する古典的概念が絶対的に真であると信ずる理由は少しもなく，新しい，より精密な実験に合致するよう，その概念を変更することができ，かつ変更すべきであるというのです。

実際，空間や時間の古典的概念は，日常生活における経験にもとづいて系統づけられたものなのですから，高度に発達した実験技術にもとづく今日の精密な観測方法を用いた結果，こんな古い概念はあまりに粗雑で厳密を欠くと指摘されたところで，また日常生活や物理学発展の初期の段階において用い得るのは，ただ正しい概念からのかたよりが，充分小さいからなのだといわれたところで，驚くにあたらないことなのです。また現代物理学の研究分野が広くなるにつれ，このかたよりが非常に大きくなり，古典

的概念がまったく使えなくなるようなことがあっても，驚く必要
はありません。

　古典的概念に根本的な危機をもたらしたもっとも重要な実験結
果は，**真空中における光の速度が可能なすべての物理的速度の最
大限であるという事実の発見なのです**。この重要な思いがけない
結論は，おもにアメリカの物理学者マイケルソンの実験より得ら
れたのです。彼は前世紀の末，光の伝ばん速度に対する地球の運
動の影響を観測しようと試みました。ところがこんな影響は存在
せず，真空中における光の速度は測定する系にも光を発する光源
の運動にも無関係で，常にまったく同一であることが発見されま
したので，彼自身ばかりでなく全科学界も大いに驚きました。こ
のような結果は異様なもので，われわれの運動に関する基本的概
念に矛盾するものであることは，いうまでもありません。実際，
もし何か空間を速く運動しているものがあって，諸君自身でもそ
れに向かって運動するとすれば，その運動体は大きな相対速度，
すなわち，物体と観測者の速度の和に等しい速度で諸君にぶつか
るでしょう。ところが反対に，諸君が物体から逃げていれば，2
つの速度の差に等しい小さな速度で後から突き当たります。

　同様に諸君が，たとえば自動車に乗って空気中を伝ばんする音
に向かって走ったとすれば，自動車の中で測った音の速度は自動

車の速度だけ速く，また音が諸君を追い越すとすればそれだけ遅くなります。これをわれわれは**速度の加法定理**と呼び，常に自明のことと考えています。

しかしながら，非常に精密な実験によりますと，これは光の場合には，もはや正しくなくて，真空中における光の速度は観測者自身がいかに速く動いていても常に同一で，毎秒 300,000 キロメートルに等しいのです（われわれは普通これを「c」という符号で示します）。

「よろしい，だが物理的に得られる光より小さい速度をいくつか加えて超光速度が作れはしないか？」と諸君はおっしゃるでしょう。

たとえば，非常に速い汽車があって，まあ光の4分の3の速度で走っているとします。そうして同じように光の4分の3の速度で，旅行者が客車の屋根の上を走っていると考えてみましょう。

加法定理によれば，総体の速度は光の1倍半になり，走っている旅行者は信号燈の光を追い越すことができるはずです。ところが本当は，光速度の不変性は実験的事実なのですから，この場合の総体の速度も予期したより小さくならないといけないわけです——限界値 c を越えることはできません。したがって光より小さい速度の場合でも，古典的な加法定理は間違っているのだという

結論になります。

　ここではあまり立ち入りたくありませんが，この問題を数学的に取り扱いますと，2つの重複した運動の合成速度を計算する非常に簡単な新しい公式が導かれます。

　もし$v_1 \cdot v_2$を加え合わす2つの速度としますと，合成された速度は，

$$V = \frac{v_1 \pm v_2}{1 \pm \dfrac{v_1 \, v_2}{c^2}} \qquad\qquad \cdots\cdots\cdots\cdots\cdots (1)$$

で与えられます。

　この公式から，もし初めの速度がともに小さければ——小さいというのは光の速度にくらべて小さいという意味ですが——(1)式の分母の第2項は1にくらべて無視することができますから，古典的な速度の加法定理が得られることがわかるでしょう。ところが，もしv_1やv_2が小さくない場合は，その結果は常に代数的な和より小さくなります。たとえば，さきの旅行者が汽車の上を走る場合では，$v_1 = \frac{3}{4}c$ および $v_2 = \frac{3}{4}c$ で，この公式を使うと合成速度として$V = \frac{24}{25}c$ が得られ，光の速度よりまだ小さくなっています。

　特別な場合として，初めの速度のうち一方がcであるとすると，第2の速度がいくらであろうと無関係に，合成速度はcで与

えられます。だからいくら速度を重ねても，光の速度はけっして越えることはできないわけであります。

　この公式が実験的にも認められ，２つの速度を合成したものは常にその代数的な和よりいくらか小さくなるということが，実際に発見されたのは興味あることであります。

　速度に最大限度があることを認めて，空間と時間に関する古典的概念の批判に乗り出しましょう。まず第１の矢を古典的概念にもとづいた同時という観念に向けてみましょう。

　「ケープタウン近郊の鉱山の爆発は，ロンドンの下宿でハムエッグを食べていた時と，まったく同じ瞬間に起こった」と諸君がいう際，自分のいう意味がわかっていると思っているでしょう。ところで，これから私が，諸君が自分のいうことをわかっていない——厳密にいえばこのことばは正確な意味をもたない——ということを示してみましょう。実際，異なる２つのできごとが同時であるかどうかを調べるのにどんな方法を用いますか？　諸君は双方の場所にある時計が同じ時刻を示すじゃあないかというでしょうけれど，それでは離れた場所にある時計を，同時に同時刻を示すように合わすにはどうするかという疑問が生まれてきます。そこでわれわれは初めの質問に帰ってしまうわけであります。

　真空中における光の速度が光源の運動や測定する系の運動に無

関係であるということは，もっとも厳密に確立された実験的事実なのですから，以下述べるような距離の測定法や，異なる観測所における時計の正確な調整法等は，もっとも道理にかなった方法であると認められるでしょうし，さらによく考察されるならば，唯一の合理的な方法であることに同意なさるでしょう。

　場所Ａから光の信号が送られ，場所Ｂでそれを受けるや否やＡに向かって送り返すとします。信号を送ってから帰ってくるまでの時間を場所Ａで読んで，その半分に光の不変な速度を掛ければＡとＢの間の距離がきめられます。

　もし信号がＢに達した瞬間にそこの時計が，Ａにおいて信号を発した瞬間と受けた瞬間に記録した2つの時刻のちょうど中間の時刻を示していれば，場所ＡとＢの時計は正しく合っているといわれるのです。固定したものの上に設けられた異なる観測所の間にこの方法を用いて，われわれはついに所期の座標系に到達します。そこで初めて，異なる場所における2つのできごとが同時であるかとか，その間の時間がいくらか，という質問に答えることができるのです。

　しかしこのような結論が他の系の観測者にも認められるでしょうか？　この質問に答えるため，こんな座標系が異なる2つの固定したものの上に，たとえば反対の方向に動く，2台の長い宇宙

ロケット上に設けられたと考えてみましょう。そこでこの2つの
座標系が，お互いにいかにして時計を照合するかを考えてみまし
ょう。4人の観測者がおのおののロケットの前後の端に位置を占
め，まず第1におのおのの時計を正確に合わせようとしたと考え
て下さい。おのおのの観測者の組はそれぞれのロケットの上で，
先に述べたような方法で（あらかじめ物差しではかった）ロケッ
トの中央から光の信号を発して，そのおのおのの端に達した時，
彼らの時計のゼロ点を合わせることにより修正できます。かくし
て観測者の組はおのおのの前に述べた定義に従って，自分自身の
系における同時の基準を確立し，時計を「正しく」——もちろん
彼らの観点からいってですが——合わせます。

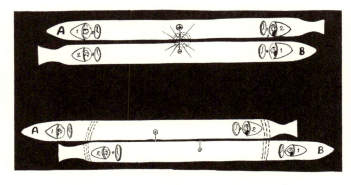

2台の長いロケットが反対の方向に動いています。

　そこで今度は自分のロケットにおける時計の読みと，他のロケットにおける読みとが合っているかどうかを見ようと考えます。たとえば，異なるロケットにいる2人の観測者の時計が，彼らがすれ違う際に同時刻を示すかどうかを調べることとします。これは以下のような方法で調べることができます。すなわち，おのおののロケットの幾何学的中央に電気を充電した2つの導体をそなえつけます。こんなふうにしておけば，ロケットがすれ違う際に2つの導体の間に火花が飛び，光信号がおのおののロケットの中央から同時に両端に向かって発せられます。光信号は有限の速度で伝ばんするので，観測者に達するまでに2台のロケットはその相対的位置をかえ，観測者2Aと2Bは観測者1Aや1Bよりも光源に近くなります。

　光信号が観測者2Aに達した時，観測者1Bは2Aよりうしろにいるはずですから，信号が1Bに達するまでにさらに少し時間がかかることは明らかです。だからこんなふうにして，1Bの時計を信号が到達した時にゼロ時刻を示すように合わせたとすれば，観測者2Aはそれは正しい時間より遅れていると主張するでしょう。同じように，ロケットAにいるもうひとりの観測者1Aは，2Bは彼より早く信号を受けたのだから，2Bの時計は進んでいるという結論に到達するでしょう。同時に関する定義に従っ

て，2A と 1A の時計は正しく合わされたはずですから，ロケットAの観測者たちは，ロケットBの観測者たちの，2つの時計の間に相違があるということに意見が一致するでしょう。けれどもまったく同じ理由によって，ロケットBの観測者たちも，自分たちの時計は正しく合わされているのだと考え，ロケットAの2つの時計の間に相違があると主張するに違いありません。

両方のロケットはまったく同等なのですから，この2組の観測者の間の争いは，次のようにいって初めて解決されるのです。すなわち，どちらの組も彼ら自身の観点からすればいずれも正しい，だがどちらが「絶対的に」正しいかという質問は物理的にまったく意味を持たないと。

こんな長たらしい考察で，諸君がまったく退屈されはしなかったかと気づかうのですが，しかし，ていねいに後をたどって考えて下されば，いま述べたような時空の測定法が採用されると，**絶対的な同時という観念は消滅し，異なる場所における2つの事件が，ある座標系から見て同時であると考えられても，他の系の観点からすれば一定の時間だけへだたっている**ことが明らかになるでしょう。

こんないい方をすると，最初は非常に異様にひびくでしょうけれど，では私が，諸君が汽車に乗って夕食をとる際に，スープと

果物を食堂車の同じ場所で食べたにもかかわらず，鉄道線路の上では大へんへだたったところで食べたことになるといったら，異様に聞こえるでしょうか？

　ところが，この汽車の中の夕食の例を系統だてて，**異なる時刻において，ある座標系の同一個所で起こる2つの事件は，他の系の観点からすれば，一定の空間だけへだたっている**ということができます。

　この「平凡な」叙述をさきの「逆説的な」叙述とくらべてみて下されば，2つが完全に対照的で，ただ単に「時間」および「空間」ということばが互いにいれかわっているだけであることがおわかりでしょう。

　ここにアインシュタインの見解のいっさいのカギがあるのです。それによると，古典物理学における時間は空間や運動にまったく依存しないあるもので，「外界のいかなるものとも無関係にいちように経過して行く」（ニュートン）と考えられていましたが，新しい物理学では，空間と時間は密接に結合せられ，あらゆる観測可能な事件がその中で起こってゆくところのいちような「時空連続体」があって，まさにその異なる2つの断面を示しているのです。この4次元連続体を3次元の空間と1次元の時間に分かつことはまったく任意で，観測を行なう系によるのでありま

す。

　ある系において空間的に距離 l だけ，時間的に時間 t だけへだたって観測される 2 つの事件は，他の系から異なる距離 l' と異なる時間 t' だけへだたったように観測されるでしょう。ゆえに，ある意味においては，空間から時間への変換，またはその逆を表わすことができるわけです。汽車の中の夕食の例で見られるように，時間を空間へ変換することは，われわれにとってまったく常識的な観念であるのに，同時ということの相対的である結果として生ずる空間から時間への変換が，きわめて異様に見えるのはなぜでしょう。この疑問もまた答えるのにそんなにむずかしいことではありません。ようするにわれわれが，距離をたとえば「センチメートル」で測ったとすると，それに対応する時間の単位は，慣習的な「秒」ではなく，「時間の合理単位」でなければならないためです。合理単位とは光信号が 1 センチメートルの距離をすぎるに要する時間，すなわち 0.00000000003 秒で表わされるものです。

　ですから，われわれの日常の経験の範囲では，空間の間隔を時間の間隔に変換しても，実際には観測できないほど小さな結果しか出てまいりません。それで，時間は何か絶対的に独立不変のものであるという古典的見解を支持するかのようにみえるのです。

　しかし非常に高速度の運動，たとえば放射性物質から放出され
た電子の運動や，原子内の電子の運動を吟味する場合，そこでは
ある時間内によぎる距離は合理単位で表わされた時間と同程度の
大きさですから，さきに論議した2つの効果がともに必然的に現
われてきます。そうして相対性理論が非常に重要になってまいり
ます。比較的小さい速度の範囲，たとえば太陽系の遊星の運動に
おいてさえ，天文学的観測が極度に精密であるために，相対論的
効果が観測されます。けれどもこんな相対論的効果を観測するた
めには，遊星の運動を，1年間に角の1秒の変化まで測れること
が必要であります。

　私が諸君に説明しようとしましたように，空間と時間に関する
概念の批判によって，空間の間隔が部分的に時間の間隔に変換で
き，またその逆も可能であるという結論に達しました。これはす
なわち，与えられた距離または時間的周期の数値が，他の動いて
いる系から測定すれば異なることを意味します。

　私はこの講演では，この問題にあまり深く立ち入りたくありま
せんが，比較的簡単な数学的取り扱いにより，これらの数値の変
化を与える一定の公式が得られます。長さ l のある物体が観測者
と相対的に速度 v で運動していると，その速度とともに短くなる
という結果が出てきます。そしてその測定値は，

$$l' = l\sqrt{1 - \frac{v^2}{c^2}} \qquad \cdots\cdots\cdots\cdots(2)$$

となります。

　これと類似的に，時間 t かかる過程は相対的に動いている系からはそれよりも長い時間 t' かかるように観測され，

$$t' = \frac{t}{\sqrt{1 - \frac{v^2}{c^2}}} \qquad \cdots\cdots\cdots\cdots(3)$$

で与えられます。これが相対性理論において有名な「空間の収縮」と「時間の伸長」であります。

　普通に v が c にくらべてはるかに小さければこの効果は非常に小さくなりますが，充分大きな速度に対しては，運動している系から観測した長さはいくらでも短くなり，時間はいくらでも長くなります。

　これらの効果はともにまったく対称的なものであることを忘れないで下さい。速く走っている汽車に乗っている旅客は，止まっている汽車の中の人がどうしてあんなにやせていたり，のろのろと動いているのだろうと不思議がるでしょうけれど，止まっている汽車の旅客もまた，走っている汽車の中の人について，まったく同じようなことを考えるのです。

　このほかに，可能な速度の中に最大速度の存在するために起こ

る重要な帰結として，運動体の質量に関するものがあります。力学の一般的基礎に従いますと，物体の質量は物体を運動せしめたり，すでに運動している物体を加速したりする難易を決定するものです。質量が大きければ大きいほど，ある与えられた速度を増すのに困難なわけであります。

　いかなる状態のもとにおいても，物体は光の速度を越えることができないのですから，われわれはただちに次のような結論に達します。すなわち，さらに加速しようとする場合の抵抗，いいかえれば質量は，速度が光の速度に近づいた場合，無限に大きくなるはずです。この関係を示す公式は数学的取り扱いにより導けますが，公式 (2) と (3) と類似しています。すなわち m_0 を非常に遅い速度における質量としますと，速度 v における質量 m は，

$$m = \frac{m_0}{\sqrt{1 - \dfrac{v^2}{c^2}}} \qquad \cdots\cdots\cdots\cdots\cdots (4)$$

で与えられ，さらに加速しようとする場合の抵抗は，v が c に近づくとともに無限大になります。

　このように質量が相対論的に変化するという効果は，非常に高速度の粒子において実験的にたやすく観測されます。たとえば，放射性物質から放出される電子（光の 99 パーセントの速度をもっています）の質量は，静止の状態におけるより数倍大きいので

す。また，いわゆる宇宙線を構成している電子は，しばしば光の99.98 パーセントの速度で運動していますが，その質量は 1,000 倍も重いのです。こんな速度のところでは，古典力学はまったく適用できなくなり，純粋な相対性理論の領域にはいってゆくのであります。

第3話　休息の1日

　トムキンス氏はかの相対論的な町での探検に大へん興味を感じ
ましたが，教授といっしょでなかったので，彼の見た奇妙な事柄
の説明をきくことができなかったのを大へん残念に思いました。
なぜ鉄道の制動手が，旅客が年をとるのを抑制できるかというナ
ゾは，とくに彼を悩ませました。いく晩もこのおもしろい夢の続
きを見たいと思いながら床につくのでしたが，夢をめったに見ま
せんでしたし，見てもちっともおもしろくないものばかりでし
た。しまいには銀行の支配人に，彼の勘定が不正確だとしかられ
た夢まで見ました。……そこでひとつ休暇をもらって，1週間ば
かりどこか海岸へでも行ってきた方がよかろうと考えました。か
くして旅に出た彼は，汽車の貸切室にすわって窓から景色をな
がめていました。郊外の灰色の屋根はだんだんと田園の緑の牧場
へとかわってゆきました。彼は新聞を取り上げて，世界情勢の記
事でも読もうとしました。けれどもそれは本当に退屈なものでし
た。汽車は彼を心地よくゆすぶります……。

　彼が新聞をおいてふたたび窓の外に目をやったとき，景色はよ

ほどかわっていました。電柱はお互いにずっと接近して立っているので，まるで垣根のようでしたし，木立ちの先は極端に細くなってイタリアイトスギのように見えました。

彼の向かい側にはおなじみの老教授がすわっていて，窓の外を非常に興味深そうに見守っていました。トムキンス氏が新聞に読みふけっている間にはいってきたのでしょう。

「私たちは相対論的な国にいるのですね」とトムキンス氏は申しました。

「おお！」と教授は感嘆しました。「もうそんなことまで知っているのかね！　どこで教わったのだ？」

「すでに1度ここへきたことがあります。だが，あなたとごいっしょでなかったのでおもしろくありませんでした。」

「それでは今度は君が案内してくれる番だな」と老教授は申しました。

「まあごめんこうむりましょう」とトムキンス氏は断わりました。「私はたくさん珍しいことを見てきました。だがこの国の人にいくらたずねてみても，私が不審に思うところをちっともわかってくれないのです。」

「しごくもっともだ」と教授は申しました。「彼らはこの国で生まれたので，周囲の現象をすべて自明のことと考えているの

だ。ところが彼らをわれわれの住みなれた世界へ連れてきたら，きっとびっくりするだろうな。彼らにはまったく異様に見えることだろう。」

「ひとつおたずねしたいのですが」とトムキンス氏はいいました。「この前ここへきた時，私は制動手にあいましたが，その男は汽車が止まったり動き出したりすることによって，旅客の方が町にいる人びとよりゆっくり年をとってゆくといってました。これは魔法ですか？　それとも，これもまた現代物理学にかなったことなのですか？」

「それを魔法だなどというついわれはちっともない」と教授は申しました。「これはまさしく物理学の法則に従っているのだ。これはアインシュタインによって，新しい（いやこの世界とともに古いのだが，新しく発見されたというべきだろうな）空間および時間の概念の分析にもとづいて示された。すなわちあらゆる物理的過程は，それが起こりつつある系が運動を変化する際には，緩慢に起こるというのだ。われわれの世界では，この効果はほとんど観測できないほど小さいが，ここでは光の速度が小さいので常に非常に明白なのだ。たとえば，ここで卵をゆでようと思えば，ナベをストーブに静かにかけておく代わりに，左右に動かして常に速さをかえてやると，5分でゆだるところが，たぶん6分はか

かるだろうな。同じように人間のからだでも人が（たとえば）揺りイスにすわっていたり，スピードを変化する汽車に乗っていると，あらゆる機能の働きが緩慢になる。そこでこんな条件のもとではのろのろと生きてゆけるのだ。しかし，あらゆる過程が同じ程度に緩慢になるのだから，物理学者としては**不均一に運動している系では時間はよりゆるやかに経過してゆく**といいたいところだ。」

「だけど，科学者はこんな現象を私たちの世界でいつも観測しているのですか？」

「やっている。だが相当の熟練を要する。これに必要な加速度を得ることは技術的に非常に困難だ。だが不均一に運動をしている系に存在する状態は，非常に大きな引力が作用した結果と類似している。いや同一であるといってもよかろう。大きな加速度で上に昇って行くエレベーターに乗っていると，自分のからだが重くなったように感ずるのを経験したことがあるだろう。逆にもし，エレベーターが下へ向かって動きだしたとすると（エレベーターの綱が切れた場合を考えれば一番よいが）重さが減ったように感ずるだろう。このわけは加速度によって生じた引力の場が地球の引力に加わったり，または引かれたりするからなのだ。ところで，太陽の表面の引力は地球上の引力よりはるかに大きいの

で，あらゆる過程がそこでは，やや緩慢に起こるに違いない。天文学者はそれを観測しているのだ。」

「だけど，天文学者は観測をしに太陽まで出かけることはできないでしょう？」

「いうまでもないことだ。彼らは太陽からわれわれのところにやってくる光を観測するのだ。この光は太陽のまわりの気体の中の種々の原子が振動するために発せられるが，もしそこであらゆる過程が緩慢になれば，したがって原子の振動の速さもまた減ずる。だから太陽から発せられる光と地球上の物質から出る光とを比較して，その相違を見ることができるのだ。」――教授は話題を転じて――「ところで，いま通っているこの小さな駅は何という駅かね？」

汽車は小さな田舎駅のプラットフォームに沿って走っていました。駅はまったくがらんとしていて，駅長と若い赤帽が1人手荷物車の上にすわって新聞を読んでいるだけでした。突然，駅長は両手を空中に振りあげるとばったりと倒れました。おそらく汽車の音で消されたのでしょう，トムキンス氏は銃声を聞きませんでしたが，駅長のからだのまわりに流れ出た血の海から疑う余地はありません。教授はすぐさま非常綱を引きました。汽車はガクンと止まりました。2人が客車から飛び出したとき，かの若い赤帽

は死体の方へ走りよっていましたし，地方のおまわりさんも１人やってきていました。

「心臓を撃ちぬかれている」と死体を点検したおまわりさんは申しました。そうして赤帽の肩をぐいとつかんでさらに申しました。

「お前を駅長殺害のかどで拘引する。」

「僕が殺したんではありません」不運な赤帽は叫びました。「僕は銃声がした時新聞を読んでいました。この方々が汽車からすべてを見ておられたでしょうから，僕の無実を証言して下さるでしょう。」

「そうです」トムキンス氏は申しました。「駅長が撃たれた時この男が新聞を読んでいたのを，この目でちゃんと見とどけましたよ。聖書にかけて誓うことができます。」

「しかし君は動く汽車の中にいたんだろう」とおまわりさんはいかめしそうな口調で申しました。「だから君の見たことはちっとも証拠にならない。プラットフォームから見たら駅長はまったく同じ瞬間に撃たれたはずだ。君は同時ということが観測する系によることを知らないのかね？」赤帽の方を向いて「早くこっちへこい」とうながしました。

「失礼だが警官」と教授はさえぎりました。「君はまったく間

違っているよ。警察でも君の無知を喜びはすまい。もちろんこの国では同時の概念が高度に相対的であることは確かだ。また異なった場所における2つのできごとが同時であり得るかどうかは，観測者の運動によることも確かだ。だがこの国といえども，原因より先に結果を見ることはできない。君は電報が打たれるより先に，受け取ることはけっしてないだろうな。またツボをあける前に中身を食えるかな？　わしの見るところでは，君は『汽車が動いているので，射撃されたのを実際よりずっと遅くわれわれがみるに違いない。ところがわれわれは駅長が倒れるのを見るや否や汽車から降りたのだから，われわれはまだ撃つところを見ていないのだ』と思っているらしい。警察では指令に書かれたことだけを信用するように教えられていると思うが，よくそれを読んでみなさい。たぶん何か，このことについて書いてあるにちがいないから。」

　教授の口調はおまわりさんに感銘を与えたのでしょう，警察手帳を出してていねいに読みはじめました。まもなくきまり悪そうな微笑が彼の大きなあから顔一杯に広がりました。

　「ここにあります」とおまわりさんはいいました。「37章13節ホのところに『イカニ動ケル系カラ見タレバトテ，犯罪ノ瞬間マタハソレヨリ$\pm d/c$ 時間内（c ハ自然界の速度の限界デアリ d ハ

犯罪ノ行ナワレシ場所カラノ距離デアル）ニ嫌疑者ガ他ノ地点ニ
見ラレシナラバ，完全ナル・ア・リ・バ・イ・トシテ権威アル証明ガ成立
ス』とあります。」

「疑いは晴れたよ，君」とおまわりさんは赤帽に申しました。
それから教授の方を向いて，「本当に有難うございました。おか
げさまで本署で叱られずにすみ，助かりました。私は新参でこん
な規則にはまだふなれなんです。しかしともかく，この殺人事件
を報告しなければなりません」といいながら電話室へはいって行
きました。やがて彼はプラットフォームを渡りながら大声でいい
ました。「すべて手はずがととのいました！　本当の殺害者は駅
を逃げ出す途中に捕まえられてしまうでしょう。かされてお礼申
し上げます！」

「私はどうも血のめぐりが悪いんですけど」とトムキンス氏は
汽車がふたたび動き始めた時申しました。「一体全体，同時とは
こんなことなんですか？　この国ではまったく意味がないのです
か？」

「そんなことはない。だが同時ということがある程度までしか
意味を持たないのだ」答えはこうでした。「さもなければわしは
まったく赤帽を救うことができなかっただろう。自然界のどんな
物体の運動にも，また信号の伝ばんにも速度の限界があるため

に，同時ということばがわれわれの普通にいう意味においては意味を持たなくなったのだ。こんなふうに考えればもっと容易にわかるだろう。遠く離れた町に君の友だちが1人いるとするんだな。その友だちと手紙をやりとりするのに，郵便列車によるものがもっとも速い交通の手段だとする。さて，日曜日に君に何か起こったとして，それと同じ事件が君の友だちにも起ころうとしているのがわかったとする。そのことを友だちに，水曜日より早くは知らせられないことは明らかだ。今度は逆に，もしその友だちが君に起ころうとしている事件を前もって知ったとしても，君に知らせるには遅くとも先週の木曜日でなければならない。だから次の水曜日までの6日間は，君の友だちは君の日曜日における運命を知らせることも，知ることもできないわけだ。因果関係の観点からいって，友だちは6日間というものは，いわば君と絶交しているようなものだ。」

　「電報を打ったらどうでしょう？」とトムキンス氏は申し出ました。

　「何だと，わしは郵便列車が一番速いのだといったじゃないか，実際この国ではだいたいそれくらいのものだ。われわれの国では光の速度がもっとも速く，ラジオより速く信号を送ることはできないわけだ。」

「しかしそれでも，郵便列車より速くできないとしても，同時ということにどんな関係があるんです？　私の友だちも私自身も同時に日曜日の夕食をいただけるじゃありませんか，そうでしょう？」

「いいや，そのようないい方には意味がない。1人の観測者がそれを容認したとしても，ほかの汽車から観測している他の観測者があって，君が日曜日の夕食を，友だちの金曜日の朝食，または木曜日の昼食と同時にしたためていると主張するに違いない。けれどもまた，君と友だちが同時に食事しているところをだれが観測したって，どうしても3日以上食い違うということはないのだ。」

「しかしどうしてそんなことが起こってくるのですか？」とトムキンス氏は疑わしそうに叫びました。

「わしの講義でわかったろうが，いたって簡単に起こる。速度の最大限界はいかなる運動系から観測してもかわらないのだ。このことを容認すれば，結論として……。」

しかしこの会話は，汽車がトムキンス氏のおりなくてはならない駅についたために，ここでとぎれてしまいました。

*　　　*　　　*

　トムキンス氏は海岸のホテルに着いたあくる朝，朝食をしたために広い窓ガラスの長いベランダへ降りてきますと，そこには大きな驚きが彼を待っていました。向こう側の隅の食卓に老教授と美しい令嬢とがすわっていました。令嬢は老教授に何か楽しそうに話しながら，トムキンス氏のすわっているテーブルの方をちらちらと見ていました。

　「あの汽車でいねむりしていたから，ひどく間抜けに見えたろうな」トムキンス氏はそう思うと，しだいに，われとわが身が腹立たしくなってきました。

　「だが，これで少なくとも教授に近づきになれる機会が与えられたわけだ。そうしてまだどうもよくわからない点をたずねることができる。」彼の望みは教授と話すことだけではないということを自分でも認めたくありませんでした。

　「ああ，そうそう，わしの講演で君を見かけたのを覚えているよ」食堂を出がけに教授は申しました。「これはわしの娘のモードだ，絵を習っている。」

　「おあいして大へんうれしいです，モードさん」とトムキンス氏はいいながら，こんな美しい名前は，かつて聞いたことがないように思いました。「こんなに美しい景色の中で描かれたら，さぞすばらしいスケッチができることでしょう。」

「娘がいずれスケッチを君にお見せするだろう」と教授は申しました。「しかし君はわしの講演をきいて，大いに得るところがあったかな？」

「ええ，ありましたとも，とってもたくさん。まったくのところ，私は光の速度が1時間に20キロメートルほどの町をたずねた時に，あの物体の相対論的収縮だとか，気ちがいじみた時計のふるまいだとかをすっかり，私自身で経験しましたよ。」

「それでは」と教授は申しました。「その次の日の私の講演を聞かれなかったのは残念だね。それは宇宙の曲率と，そのニュートンの重力との関係を扱ったものだったのだが。しかし，この海岸では私もひまだから，これからとっくりと君に説明してあげよう。ところで，たとえば空間の正と負の曲率の相違といったようなことがわかるかね？」

「パパ」と唇をとがらせながらモードさんはいいました。「また物理のお話しをなさるのね。私は行って絵でも描いてきますわよ。」

「ああいいともお前，行っといで」教授は安楽イスにからだを投げかけながら申しました。

「お若い方，君は数学をあまりやっていないようだな。だけど簡単にするために面の例をひいて話せば，ずっと容易に説明して

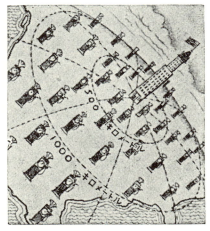

アメリカの給油所

あげられるだろう。

　シェル氏が——君も知っているだろうが，ガソリン・スタンドの所有者なのだ——ある国，たとえばアメリカに，スタンドがいちように分布しているかどうか見ようと思ったと想像してみたまえ。そのためにどこか国の中央（カンザス・シティーがアメリカの心臓部にあたると考えられていると思うが）の彼の事務所に，その町から100キロ，200キロ，300キロ……以内にあるスタンドの数を勘定するように命じたとする。彼は学校で円の面積がその半径の自乗に比例すると習ったのを思い出して，いちようにスタンドが分布していれば，このようにしてかぞえたスタンドの数

が平方数 1，4，9，16……のように増してゆくものと思うだろう。ところが報告がきてみると，実際はスタンドの数が，たとえば 1，3.8，8.5，15.0……というように ずっとゆるやかに増しているのに，彼は大へん驚くだろう。『なんということだ，アメリカの支配人は仕事を何と心得ているんだろう。カンザス・シティーの近くにばかりスタンドを集中してどうするつもりなんだ』と彼は叫ぶに違いない。しかし彼のこの結論は正しいかな？」

　「正しいでしょう？」と，何かほかのことを考えていたトムキンス氏はオウム返しに申しました。

　「間違っている」と教授はおもおもしく申しました。「彼は地球の表面が平面ではなく，球面であることを忘れているのだ。球面の上では与えられた半径の中の面積は半径を増していっても，平面の場合にくらべるとずっとゆるやかにしか大きくならないものだ。こんなことを実際に見られないかな？　そうだ，地球儀をもってきて見てご覧。たとえば，もし君が北極にいるとすれば，子午線の半分を半径とした円は赤道で，その中に含まれた面積は北半球だ。半径を増して2倍にしたとすると，その中に地球の全表面が含まれることになる。その面積は平面の場合のように4倍にはならないで2倍となる。これもわからないかな？」

　「わかりました」とトムキンス氏は気を散らすまいと骨折りな

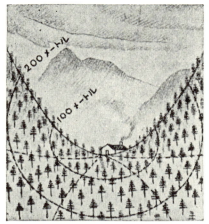

峠道にある山小屋。

がら答えました。「ではこれは正の曲率ですか，それとも負です
か？」

「これは正の曲率と呼ばれる。そうして君が地球儀の例で見た
ように，一定の面積をもった有限の表面に相当するのだ。負の曲
率をもった面の例は鞍で与えられるな。」

「鞍で？」とトムキンス氏はオウム返しにいいました。

「そうだ，鞍で。または地球の表面でいうと2つの山にはさま
れた峠道で与えられる。1人の植物学者がそんな峠道にある山小
屋に住んでいて，小屋のまわりに生えているマツの生長の密度に
興味をもっていると考えてみたまえ。もし彼が小屋から100メー

トル，200メートル……以内に生えたマツの数をかぞえたとする
とマツの数は距離の自乗より以上に増してゆくことに気づくだろ
う。要は鞍状の面では，与えられた半径の中に含まれる面積が平
面にくらべて大きいことだ。こんな面は負の曲率をもつといわれ
る。もし鞍状の面を1平面上に広げようとするとヒダを作らねば
ならない。ところが同じように球面を広げようとすると，弾力性
がないかぎり裂けてしまうだろう。」

　「よくわかりました」とトムキンス氏は申しました。「それか
らあなたは鞍状の面は湾曲してはいるが，無限に広がっていると
おっしゃるつもりでしょう。」

　「まさしくそうだ。」わが意を得たように教授は申しました。

　「鞍状の面はあらゆる方向に無限に広がっていて，自身におい
てはけっして閉じていないのだ。もちろん，この峠道の例では，
山を降りて地球の正の曲率をもった面に出れば，もはや負の曲率
ではなくなる。だが，どこまで行っても負の曲率を保持している
ような面をもちろん想像できるだろうな。」

　「しかし，これをどんなふうにして湾曲した3次元空間を適用
するのですか？」

　「まったく同じようにするのだよ。空間にいちように分布した
ものを考えてみたまえ。いちように分布しているとは相接する2

物体間の距離が常に等しいことを意味するのだが，そこで君から種々の距離の中にある物体の数を勘定するのだな。もしこの数が距離の3乗で増すとすれば，空間は平らであるが，もしも増し方が少ないか多いかすれば，その空間は正または負の曲率をもっているのだ。」

「では正の曲率をもった場合は，空間は与えられた距離の中で小さな体積しか持たず，負の曲率の場合は大きな体積を持つわけですか？」

「まさにそうだ」と教授はほほえみながら申しました。「さて君はわしのいうことを正しく理解したようだな。われわれの住んでいる大宇宙の曲率の正負を吟味するために，遠い物体の数をいま述べたように勘定しなくてはならない。大星雲についてはたぶん聞いたことがあるだろうが，それは天空にいちように分布していて，数十億光年くらいの距離のところまで見ることができる。この大星雲は宇宙の曲率を吟味するのに，非常に便利のよいものなのだ。」

「では，それからわれわれの宇宙が有限で，自身において閉じているということが出てくるのですか？」

「いや」と教授は申しました。「この問題は実はまだ解決されていないのだ。アインシュタインは，宇宙論に関する最初の論文

では，この宇宙の大きさは有限で，それ自身において閉じており，時間がたっても変化しないと述べていた。ところがその後，ロシアの数学者 A. A. フリードマンが，アインシュタインの基礎方程式からは，時間のたつに従って膨張または収縮する宇宙を引き出すことも可能であることを示した。ところが，アメリカの天文学者 E. ハッブルは，ウィルソン山天文台の2.5メートル望遠鏡を使って，各星雲はそれぞれ互いに遠ざかっていること，つまりわれわれの宇宙は膨張していることを示して，フリードマンの数学的な結論を確証したのだ。しかし，それでもなお，この膨張が無限につづくものか，それともまた，いつか最大値に達して，それから逆に収縮をはじめるものか，という問題が残っている。この問題に解答を与えるためには，もっともっとくわしい天文学上の観測をつみ重ねていかなくてはならない。」

　教授が話している間に，非常に奇妙な変化がまわりに起こり始めたようです。ロビーの一方の端が極端に小さくなって，その中の家具をみんなおしつぶし始めました。ところが，他の端はひどく大きくなってトムキンス氏には全宇宙がすっぽりはいってしまうかと思われるばかりでした。ある恐ろしい考えが彼の心をつらぬきました。もしモードさんが絵を描いている海岸の空間が，この宇宙からちぎれて飛んだらどうしよう。2度とふたたび彼女に

会えなくなってしまいます！

　彼は入口の方へ飛んで行きました。

　その時背後から教授が「注意するんだぞ！　量子常数も気が狂ったようだから！」と大声で叫んだのが聞こえました。海岸にやってきた時，最初は大へんな人ごみだと思いました。何千人という娘さんがやたらに八方に走っています。

　「一体全体，このおおぜいの中から私のモードさんをどうして捜したらいいのだ？」と思いました。

　だが，やがておおぜいがみなまさしく教授の令嬢に似ているのに気づき，これは不確定性原理のイタズラにすぎないことがわかりました。次の瞬間，異様に大きかった量子常数の波がすぎ去ると，そこにはモードさんが驚いたように目を見はって海岸に立っていました。

　「まあ，あなただったの？」彼女は救われたようにつぶやきました。「私，　大きな雲が襲いかかってくるのかと思ったわ。　お日さまが照りつけるので頭が変になったのね。ちょっと待っててちょうだい，私ホテルで帽子を取ってくるから。」

　「あ，いけません。いまお互いに離れちゃいけません」とトムキンス氏は断然申しました。「光の速度もかわっているように感ぜられます。あなたがホテルから帰って見れば，私はおじいさん

になっていますよ？」

　「馬鹿おっしゃい」と令嬢は申しましたが，その手はトムキンス氏にそっとにぎられたままでした。ところがホテルへ帰る途中，違った不確定性の波が襲ってきて，トムキンス氏も令嬢もともに海岸一杯に広がってしまいました。同時に空間の大きなヒダが近くの丘から，岩や漁師の家のまわりを奇妙な形にうねりながら広がり始めました。太陽の光線は非常に大きな引力の場でそらされて，水平線から完全に姿をかくしてしまいました。トムキンス氏は一寸先もわからぬ暗闇の中に投げ込まれてしまいました。

　彼にとって忘れられぬなつかしい声で呼び覚まされるまで，1世紀もたったかのようでした。

　「まあ，お父さんたら物理のお話しをしてあなたを眠らしちゃったのね。いっしょにきて泳がないこと？　今日は水の具合がとってもいいわよ」と令嬢はいっていました。

　トムキンス氏は安楽イスからバネにはじかれたように飛び起きました。

　「やっぱり夢だったのか」と海岸へ降りて行きながら思いました。「それともこれから夢が始まるのかしら？」……

第4話　空間の湾曲，重力および宇宙
に関する教授の講演

　紳士ならびに淑女諸君

　本日は湾曲した空間と，その重力現象との関係について論じて
みましょう。湾曲した線や湾曲した面はだれでも容易に想像でき
ると思いますが，湾曲した3次元空間などといい出しますと，諸
君は変な顔をして，そんなものは何か非常に異様な，ほとんど不
可思議なものと考えがちです。湾曲した空間を一般に「毛嫌い」
する理由はどこにあるのでしょう？　また実際にこの観念が，湾
曲した面の観念にくらべてむずかしいものなのでしょうか？　お
そらく多くの諸君はちょっと考えてみて，地球儀の曲面や，他の
例でいえば，もっと奇妙に湾曲した鞍の面を見るような具合に，
湾曲した空間を「外部から」見ることができないから想像しがた
いのだというでありましょう。しかしながら，こんなことをいう
人は湾曲の厳密な数学的定義を知らないことを白状しているよう
なものです。もっとも，普通に使う湾曲ということばとは，実際
多少意味が違いはしますが。われわれ数学者は面の上に描かれた
幾何学図形の性質が平面の上に描かれたものと異なる時，その面

が湾曲しているといい，古典的なユークリッドの定理からのかたよりによって曲率を測定します。平らな紙面に三角形を描けば，初等幾何で習ったように内角の和は2直角に等しくなります。この紙を曲げて円柱形や円錐形にしたり，さらに複雑な形にすることもできます。けれどもその上に描かれた3角の和は，常に2直角に保たれるでしょう。

　面の幾何学はこのような変形によっては変化しません。そこで「内部的」曲率という観点からして，得られた面（常識的に考えれば湾曲していますが）は平面とまったく同じように平らなのです。ところが紙を球面または鞍状の面の上にのせようとすると伸ばさなければなりません。また地球儀の上に三角形を描くと（すなわち球面三角形なのですが）ユークリッド幾何学の簡単な定理がもはや成立しません。実際，たとえば2つの子午線の北半分とその間にはさまれた赤道によって1つの三角形ができますが，これの2つの底角はともに直角で，頂角は任意の角となります。鞍状の面の上では逆に，三角形の内角の和は常に2直角より小さいことに諸君は驚くでしょう。

　このように面の曲率を決定するにはその面の上の幾何学を研究することが必要であります。ところが外部から見ただけではしばしば誤まるおそれがあります。外部から見て円柱の面を指輪の面

と同じ種類と考えるかもしれませんが，前者は実際に平らであり，後者は完全に湾曲しています。湾曲のこの新しい厳密な観念になれれば，物理学者がわれわれの住む空間が湾曲しているとかいないとかといって議論する意味を理解することは，もはや困難ではなくなるでしょう。ようするに問題は，物理的空間の中に構成された幾何学図形が，ユークリッド幾何学の一般的定理に従うか従わないかを見ればよいのです。

　しかしわれわれは現実の物理的空間を論じているのですから，**まず第1に幾何学における表現に物理的な定義**を与えなければなりません。とくに図形を構成している直線という概念によって考えられる状態を考察する必要があります。

　諸君はみな，直線はもっとも一般的に2点間の最短距離として定義されることをご存知と思います。直線は2点間に糸を張ることによっても得られますし，また，これと同等ではありますが念の入った方法として，与えられた2点間に何本も線を引き，それに沿ってあるきまった長さの物差しを並べて，その数が最少になるような線を見つけることによって得られます。

　このような直線を見いだす方法が，物理的状態によるという結果を示すために，軸のまわりにいちように回転している大きな丸い台を考えてみましょう。この台の縁の2つの点の間の最短距離

回転する丸い台の上で，科学者たちが測定しています。

を実験者１が測ろう としているとします。 彼は長さ20センチメ
ートルの棒をたくさん入れた箱を持っていて，２点間に棒をもっ
とも少なく使って並べようとします。台がもし回転していなけれ
ば，さしえに点線で示した線に沿って並べるでしょう。ところが
台が回転しているために，物差しは昨日の講演で論じましたよう
に相対論的な収縮を受け，台の縁に近いもの（したがって大きな
直線速度をもつもの）ほど，中心の近くに置かれたものよりひど
く収縮を受けます。だから１本の棒でできるだけ長い距離を測る
ために，実験者は棒をできるだけ中心近くに置こうとするに違い
ありません。しかし線の両端は縁に固定されているのですから，

線の中央の棒を中心にあまり近づけるのはまた損です。

　だから2つの条件を折衷して，**最短距離はけっきょく中心に向かってわずかに曲がった曲線で表わされる**という結果になります。

　たとえ，ばらばらの棒を使う代わりに，問題になっている2点間に糸を張ったとしても，結果は明らかに同じです。なぜなら糸の各部分はばらばらの棒と同様な相対論的収縮を受けるからです。私はここで，台が回転し始めた際に張られた糸に変化が起こるのは，普通の遠心力の効果とは何ら関係がないという点を強調したいのです。実際，普通の遠心力はこれとは反対の方向に働くのですし，このことを考えないとしても，糸をいかに強く張ってもこの変化にはかわりはないのです。

　そこで，台の上の観測者がこの結果を，光線によって得られた「直線」と比較して調べてみたとしましても，光は彼の作った線に沿って進んで行くのをみるでしょう。もちろん，台のそばで見物している観測者には光線はちっとも曲がっては見えません。彼らは動いている観測者の得た結果は，台の回転と直線的に伝ばんする光とが重ね合わさったものだとして解釈するでしょう。そして，「回転している蓄音器のレコードの上をまっすぐに手を動かしてひっかいてごらんなさい，もちろんレコードに残るかき跡は

曲がっているでしょう，それと同じことですよ」というでしょう。

　しかしながら回転している台の上の観測者に関するかぎりは，彼の作った曲線を「直線」と呼んで少しもおかしく感じないでしょう。それは最短距離であり，彼の座標系においては光線と一致するのであります。今度は縁に3点を選んでそれらを直線で結び，三角形を作ります。**この場合は内角の和が2直角より小さくなるので**，そこで彼はまわりの空間が湾曲しているのだと正しく判断するでしょう。

　他の例をとってみましょう。同じ台の上の他の2人の観測者（2および3）が，台のまわりと直径とを測って円周率πを計算しようと思ったとしましょう。2の物差しはその運動が常に長さと直角の方向ですから回転の影響を受けません。一方3の物差しは常に収縮を受けているので，台が回転していない時より縁の長さを少し長く測るでしょう。だから3の得た結果を2の得た結果で割ると，普通に教科書にのっているπの値より大きな値が得られるわけです。これもまた空間の湾曲による結果なのです。

　長さの測定だけが回転の影響を受けるのではありません。台の縁に置かれた時計は大きな速度を持つので，さきの講演に述べた考察に従って，台の中心に置いた時計よりゆっくり進むでしょ

う。

　もし2人の実験者（4および5）が台の中心で彼らの時計を合わせて，それから5は時計を縁のところへ持って行きます。しばらくしてふたたび中心に帰ってみると，そのまま中心に置いてあった時計にくらべて，彼の時計ははるかに遅れているのに気づくでしょう。これから彼は，台の上の異なる場所では，あらゆる物理的変化が異なる速さで起こるのだと結論を下します。

　さてこれらの実験者が実験をやめて，幾何学的測定において得た異様な結果の原因をしばらく考えてみたとしましょう。また彼らのいる台がとざされていて，窓のない回転室となっているため，周囲のものと相対的に彼らが運動しているのを見ることができないとしましょう。彼らはあらゆる観測結果を，台が設けられている「固定した地盤」との相対的な回転によるとしないで，純粋に彼らのいる台の物理的状態によるというふうに説明できるでしょうか？

　彼らのいる台の上の物理的状態と，それによって初めて観測に現われた幾何学上の変化が明らかにされるところの「固定した地盤」の上の物理的状態の間の相違を調べてみますと，ただちに，あらゆる物体を台の中心から縁の方に向かって引っ張ろうとする，何か新しい力の存在することが認められるでしょう。そし

て，観測された効果をこの力の作用に帰するのはきわめて自然でしょう。すなわち，たとえば2つの時計の場合は，一方をこの新しい力の作用する方向に中心から離したから，ゆっくり動くのだというふうに。

　しかしこの力は「固定した地盤」の上では観測できないようなまったく新しい力なのでしょうか？　われわれはあらゆる物体が常に地球の中心に向かって，引力と呼ばれる力によって引っ張られているのを観測しているじゃありませんか？　もちろん先の場合は円板の縁に向かって力が働くのですが，この場合は地球の中心に向かって引力が働くのです。けれどもこの2つの場合は，ただ力の分布の相違を意味するにすぎないのです。しかし諸君には他の例をあげて，不均一に運動している座標系によって作られる「新しい」力が，完全に引力と同じ力のように見えることを示すのは，むずかしいことではありません。

　星の国を探検するために設計されたロケットが，いろんな星の引力の影響を受けないほど遠い空間の中を，自由にただよっていると考えて下さい。こんなロケットの中のすべての物体や，ロケットで探検している実験者などは，だから重さを持たないわけです。そうしてジュール・ベルヌの有名な小説に出てくる，月の世界に飛んで行くミッシェル・アルダンや彼の友だちとまったく同

じように，空中を自由に飛びまわることができるでしょう。

　さてエンジンがかけられてロケットが動き出し，しだいに速度を増してゆくとします。その内部ではどんなことが起こるでしょう？　ロケットが加速されている間は，内部のあらゆる物体は床に向かって動こうとする傾向を示すことは容易にわかるでしょう。また同じことをことばをかえていえば，床がこれらの物体に向かって動いているのだともいえます。たとえば実験者が1つのリンゴを手に持っていて手を離したとします。そのリンゴはいちような速度——リンゴを離した瞬間のロケットの速度と同じ速度——をもって（周囲の星と相対的に）運動をつづけます。しかしロケット自身が加速されているのですから，船室の床は始終速度を増し，ついにそのリンゴに追いついて突き当たるでしょう。この瞬間からリンゴは永久にいちような加速度をもっておしつけられながら，床と接触を保ちます。

　内部の実験者にはしかし，これはまるでリンゴがある加速度をもって「落ちて」，床とぶっつかってからは，リンゴ自身の重さによっておしつけられているかのように見えるでしょう。いろいろな物体を落としてみて，彼はさらにあらゆる物体は（空気の摩擦を無視すれば）まったく等しい加速度をもって落ちることを認めるでしょう。そして，これはまさにガリレオ・ガリレイによっ

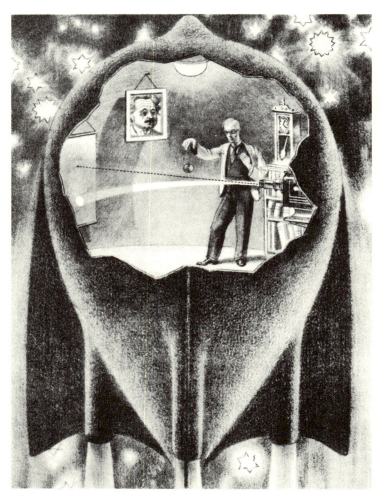

床はついにはリンゴに追いついて突き当たるでしょう。

て発見された自由落下の法則であることを思い出すでしょう。**実際，彼の乗った加速されている船室の中の現象と一般の引力現象との間に少しの相違をも認め得ないでしょう**。彼は振り子時計を使うことができますし，本棚に本を置いても飛んで行く心配もありません。またアルバート・アインシュタインの肖像を釘にかけることもできます。このアインシュタインこそ，座標系の加速度と引力の場とが同等なものであることを指摘した最初の人で，この基礎の上にいわゆる一般相対性理論を発展させたのでした。ところが，われわれはここに，最初の回転する台の例におけるような，ガリレイやニュートンが引力を研究した時には知られなかった現象を認めるでしょう。船室を横ぎる光線はロケットの加速度によって曲げられて，反対側の壁につるした幕の違った個所を照らします。外部の観測者から見れば，もちろん，これは光のいちような直線運動と，観測する船室の加速運動とが合成された結果だと解釈するでしょう。幾何学もまた違ってきます。すなわち3つの光線によって作られた三角形の内角の和は2直角より大きくなり，円周と直径の比が円周率πより大きくなります。われわれはここで加速系のもっとも簡単な2つの例について考察しましたが，上に述べたような同等性は，不変な，または変形可能な座標系がいかに運動している場合でも成立します。

　ここでわれわれは非常に重要な疑問に到達いたします。われわれはいま，加速座標系においては，一般の引力の場では知られなかった多くの現象を観測できることをみました。たとえば光線の湾曲であるとか，時計の遅れなどのような新しい現象が，巨大な質量によって作られる引力の場の中にもまた存在しているでしょうか？　またいいかえれば，加速度の効果と引力の効果とが非常に類似しているばかりでなく，まったく同一のものなのでしょうか？

　もちろん，発見的見地からして，この2種類の効果が完全に同一であることを容認したい気持ちが強いのですが，決定的解答は，ただ直接の実験によってのみ与えられます。しかして実験によって，このような新しい現象が一般の引力の場においてもまた存在することが証明され，宇宙を支配する法則の簡潔性と内部的一致性を要求する人間の心に大きな満足を与えました。もちろん，加速度の場と引力の場が同等であるという仮説から予期される効果は非常に小さなものです。科学者が特別にそれらの効果をみようとして，初めて発見することができたのであります。

　上に論じた加速系の例を使うと，もっとも重要な2つの相対論的引力現象，すなわち時計の速さの変化ならびに光線の湾曲の大きさの程度を，容易に概算することができます。

　まず最初は回転する台の例をとってみましょう。初等力学によって，中心から距離 r にある単位質量の質点に働く遠心力は公式

$$F = r\omega^2 \qquad\qquad \cdots\cdots\cdots\cdots\cdots(1)$$

で与えられることが知られています。ここで ω は台の回転のいちような角速度を示します。質点を中心から台の縁まで動かす間に，この力によりなされる仕事は，

$$W = \frac{1}{2} R^2 \omega^2 \qquad\qquad \cdots\cdots\cdots\cdots(2)$$

で与えられます。ここで R は台の半径であります。

　上に述べた同等性の原理から F を台上の引力と同一であるとし，W を中心と縁との間の引力ポテンシャルの差と同一であるとしなければなりません。

　さて，先の講演で申しましたように，速度 v で運動している時計の遅くなり方は，

$$\sqrt{1 - \left(\frac{v}{c}\right)^2} = 1 - \frac{1}{2}\left(\frac{v}{c}\right)^2 + \cdots\cdots \qquad \cdots\cdots\cdots(3)$$

という因子で与えられることを思い出して下さい。もし v が c にくらべて小さければ，以下の項を無視することができます。角速度の定義より $v = R\omega$ でありますから「遅延因子」は

$$1 - \frac{1}{2}\left(\frac{R\omega}{c}\right)^2 = 1 - \frac{W}{c^2} \qquad \cdots\cdots\cdots(4)$$

となって，存在する場所における引力ポテンシャルの相違によ

り，時計の速さが変化するという結果を与えます。

　もし，1つの時計をエッフェル塔（高さ300メートル）の地階に置き，他の1つを頂上に置いたとしますと，2つの時計の間のポテンシャルの差は非常に小さいので，地階の時計はわずかに0.99999999999997という因子だけゆっくり進むことになります。

　一方において，地球の表面と太陽の表面の間のポテンシャルの差ははるかに大きく，0.9999995という因子だけ遅くなります。これは非常に精密な測定によって認められます。もちろんだれひとり普通の時計を太陽の表面まで持って行って，その時計の動きを調べてきた人はありません！　物理学者はもっとよい方法を知っています。分光器をもって太陽の表面の種々の振動の周期を観測することができるのです。そうして，それと同じ元素を実験室のブンゼン燈のほのおの中に入れて測った原子の周期と比較します。太陽の表面における原子の振動は (4) 式で与えられる因子だけ遅くなり，その原子から発せられる光は，地球上の光源から出る場合よりいくらか赤味を帯びているはずです。この「赤方変移」は実際に，太陽や他のあまたの星に観測されます。星の場合はスペクトルが精密に測定せられ，その結果は理論式から与えられる値と一致します。

　このようにして赤方変移の存在は，太陽の上での変化が表面に

おける高い引力ポテンシャルのために，確かにいくらかゆるやか
になっていることを証明しました。

　引力の場における光線の湾曲を測定するためには，74ページに
あるようなロケットの例を使った方が便利です。l を船室をよぎ
る距離としますと，光が横ぎるに要する時間 t は，

$$t = \frac{l}{c} \qquad \cdots\cdots\cdots\cdots\cdots(5)$$

で与えられます。この時間の間に加速度 g で動いているロケット
は，次のような初等力学の公式で与えられる距離 L だけ進みま
す。

$$L = \frac{1}{2} g t^2 = \frac{1}{2} g \frac{l^2}{c^2} \qquad \cdots\cdots\cdots\cdots\cdots(6)$$

ゆえに光線の方向の変化を表わす角は，

$$\varphi = \frac{L}{l} = \frac{1}{2} \frac{gl}{c^2} \text{ ラジアン} \qquad \cdots\cdots\cdots\cdots\cdots(7)$$

の程度の大きさです。だから光が引力の場の中を通過した距離 l
が大きければ大きくなります。ここではもちろん，ロケットの加
速度 g は引力の加速度として解釈されねばなりません。もし私が
光をこの講義室を横ぎらせたとするなら，l はだいたい 1,000 セ
ンチメートルと採ることができます。地球表面の引力の加速度 g
は 981 毎秒毎秒センチメートルで光の速度は，

　　$c = 3 \times 10^{10}$ 毎秒センチメートル

ですから

$$\varphi = \frac{1000 \times 981}{2 \times (3 \times 10^{10})^2} = 5 \times 10^{-16} \text{ラジアン} = 10^{-10} \text{秒（角度）} \cdots\cdots (8)$$

となります。

　だからこんな条件のもとでは，光の湾曲は明らかには観測できないことがわかるでしょう。しかし太陽の表面の近くでは，g は 27,000 毎秒毎秒センチメートルでありますし，太陽の引力の場の中を通過する全距離が非常に大きいのです。精密に計算してみますと，太陽の表面の近くを通る光線のかたよりの値は 1.75 秒になるはずで，これは天文学者が皆既日食の時に，太陽の縁に見える星の見かけの位置の変位から観測した値と正確に一致します。これでまた，加速度の効果と引力の効果とが完全に同等であることが，観測によって示されたわけであります。

　いまやふたたび，空間の湾曲という問題にかえることができます。もっとも合理的な直線の定義を使うと，不均一に運動している座標系の中で得られた幾何学はユークリッド幾何学とは異なり，このような空間は湾曲した空間と考えられるべきであるという結論に達することを思い出して下さい。いかなる引力の場でも，座標系の加速度と同等なのですから，これはまた引力の場の存在するいかなる空間も，湾曲した空間であることを意味しま

す。またはさらに一歩進めて，**引力の場は実に空間の湾曲の物理的表現である**ともいえましょう。ですから各点における空間の湾曲は質量の分布によってきめられ，重い物体のそば近くでは空間の曲率は最大値に達するはずです。私はここで湾曲した空間の性質や，それが質量の分布に依存する仕方を表現する，大へん複雑な数学的方法に立ち入ることはできませんが，ただこの曲率は一般に，1個の数できめられるものではなく，10個の数できめられることを注意しておきましょう。この10個の数というのは普通，引力ポテンシャル $g_{\mu\nu}$ の成分として知られているもので，私が先に W で表わした古典物理学の引力ポテンシャルの一般化を表わすものです。これに対応して，各点における曲率は，普通 $R_{\mu\nu}$ で表わされる10個の異なる曲率半径によって表わされます。これらの曲率半径は，物質分布と次のようなアインシュタインの基礎方程式によって結びつけられます。

$$R_{\mu\nu}-\frac{1}{2}g_{\mu\nu}R=\kappa T_{\mu\nu} \quad\cdots\cdots\cdots\cdots(9)$$

ここで $T_{\mu\nu}$ は重さのある物質の密度や速度や，また，それから作りだされた引力の場のさまざまな性質に関係のある量であります。

　この講演の最後にあたって，方程式(9)から得られるもっとも興

味ある結論を1つ示してみたいと思います。いちように質量が満たされた空間，たとえば星や星群に満たされた，このわれわれのいる空間を考えてみますと，個々の星の近くでところどころ大きくなっている曲率は除いて，空間は，**広い範囲にわたってはいちように湾曲する規則正しい傾向を持っているはずである**，という結論に到達いたします。数学的にはいろいろ異なる解が存在しますが，その中の1つは，**けっきょくそれ自身において閉じていて有限の容積を持つ空間**に対応しますし，他の1つは私がこの講演のはじめに述べた**鞍状の面に類似した無限の空間**を表わします。方程式(9)の第2の重要な結論は，このような湾曲した空間は，一定の膨張または収縮の状態にならなければならぬことです。これは物理的には，空間を満たしている物体が互いに飛び去り，また逆に互いに近づくことを意味します。さらに，有限の容積をもった閉じた空間においては，膨張と収縮が周期的に交互に起こることを示すことができます——これがいわゆる世界の脈動と呼ばれるものであります。他方において，無限の「鞍状」の空間は永久に収縮または膨張の状態にあります。

これらの種々の数学的可能性のうち，どれがわれわれの住む空間に対応するかという問題は，物理学者よりも天文学者によって

解決せられるべきで，私はここではそれについて論じようとは思いません。ここでは私はただ，天文学的観測によると，明らかにわれわれの空間が膨張しつつあることだけを述べておきます。その膨張がいつか収縮に変わるかどうか，あるいは空間が有限であるか無限であるか，という問題は，今日なおはっきりと解決されてはいないのですが。

第5話　脈動する宇宙

　海岸のホテルでの最初の夕食を，宇宙論の話しをする老教授と，もっぱら芸術についておしゃべりする令嬢といっしょにすませたあと，トムキンス氏はすっかり疲れて自分の部屋にもどると，すぐにベッドにはいって，毛布を頭からかぶってしまいました。ボッティチェリとボンディ，サルバドール・ダリとフレッド・ホイル，ルメートルとラ・フォンテーヌ……こういった人たちがいっせいに彼の頭の中をかけまわっていました。しかしまもなく彼は深い眠りにおち入りました。

　夜中ころでしょうか，トムキンス氏は，ホテルのベッドのやわらかなマットレスの上ではなく，何か固いものの上に寝ているような変な気持ちがして目が覚めました。目をあけてみると大きな岩の上にうつぶしていました。はじめは海岸の岩かと思いましたが，しばらくして，実際それは直径が10メートルもある大きな岩で，何もささえるものが見えないのに空中にかかっているのがわかりました。この岩は緑のコケにおおわれ，ところどころ石のわれ目から小さな木も生えていました。岩のまわりの空間は何

か薄明かるい光に照らされていましたが，恐ろしい砂ボコリでした。実際こんなすごい砂ボコリは，中西部地方の砂塵をまく嵐の映画でだって見たことはありません。ハンカチを鼻にあてるとようやく少しは楽になりました。ところが周囲の空中には砂ボコリ以上に危険なものがあったのです。彼の頭，あるいはそれ以上の大きな石が彼のいる岩の近くの空中に渦巻き，時折り奇妙なにぶい音をたてて岩に衝突するのでした。また彼の乗っている岩とほとんど同じくらいの大きな岩が，1つ2つ彼方を浮遊しているのも認められました。周囲を見まわしながら，振り落とされて下の砂ボコリの深みに落っこちはしないかと始終心配で，ずっと岩の出っぱりにしっかりしがみついてばかりいました。しかしやがて大胆になって，岩の縁まではいよって，下に岩をささえているものが本当にないのかどうか見きわめようとしました。こうしてはいながら岩のまわりを4分の1以上もまわったのですが，驚いたことに振り落とされないばかりか，始終自分の重みで岩の表面に圧しつけられていることに気がつきました。最初にいた場所のちょうど真裏の地点でぐらぐらした石の縁からのぞきこみ，何も岩を空中にささえているものがないことを見いだしました。ところが，そこにおなじみの老教授が，おぼろげな光を受けて，明らかに頭を下方に向けて立っているのを見て，びっくりぎょうてんし

ここでは朝というものはないのだ。

ました。見受けたところ，うつむいて手帳に何か書きつけている
ようでした。

　さてトムキンス氏にも，そろそろいろんなことがわかりかけて
きました。学生時代に地球というものは丸い大きな岩で，太陽の
まわりの空間を自由に運動しているのだと教わったのを思い出し
ました。また地球の反対側の対蹠地の図なども思い出しました。
そうです，彼のいる岩も非常に小さな天体の１つに違いなく，表
面にあるものをみな引きつけていました。そうして彼と老教授だ
けがこのちっぽけな遊星の住人なのでした。これだけわかると彼
はやや安心しました。振り落とされる危険がなくなっただけで

も！

　「お早うございます」とトムキンス氏は挨拶しながら，老人の
注意を計算からそらせようとしました。

　「ここでは朝というものはないのだ。」　教授は手帳から目をあ
げて答えました。「この宇宙には太陽もなければ，輝く1つの星
すらない。幸いここでは岩の表面の物体が化学変化をやっている
からよいようなものの，そうでもなければ，この空間の膨張を観
測することもできないことになる。」　そこでふたたび教授は手帳
に目をもどしました。

　トムキンス氏はまったく情けない思いがしました。この宇宙の
ただ1人の住人に会いながら，それがかくも付き合いにくいご仁
であろうとは！　ふと思いがけない助けがやってまいりました。
小さな1つの隕石がすさまじい音をたてて教授の手にした手帳を
突き飛ばしたのです。手帳は見る見るうちに2人のいる遊星から
遠ざかり，大空はるかに飛んで行きました。ひらひらしながら手
帳が次第次第に小さくなって行った時，トムキンス氏は申しまし
た。

　「さあ，もう2度とご覧になれないでしょうね。」

　「ところが逆に」　と教授は答えました。「われわれのいる空間
が無限に広がっているのではないことがわかるだろうよ。ああそ

うそう，君は学校で空間は無限で，2本の平行線はけっして交わらないと教わったはずだね。ところが，これは普通の人間が住んでいる空間においても，われわれの今いる空間においても本当ではない。前者の空間はもちろん非常に大きいよ。科学者はその現在の大きさを およそ 10,000,000,000,000,000,000,000 キロメートルぐらいと推定している。普通の人にとってはまさに無限といってもよいものだ。そこで手帳をなくしたとすれば，帰ってくるのに驚くほど長い時間が必要なわけだ。だがここでは事情 が 少々 違う。手帳を手からもぎとられる寸前，計算しおえたところによると，この空間は直径がわずかに10キロメートルぐらいしかない。もっとも急激に膨張してはいるがね。手帳は半時間も経たぬうちに帰ってくるだろうよ。」

「では」 トムキンス氏は思い切ってたずねました。「あの手帳がオーストラリア土人の使うブーメラン*のように，曲線を描いて飛びながら，あなたの足もとに帰ってくるといわれ る の ですか。」

「いやそうしたものではない」 と教授は答えました。「実際に

* ブーメラン。オーストラリア土人が闘争や猟に使うもので，薄い板を「く」の字型に切ってあり，これを回転させながら投げつけると，空気の抵抗が作用して元の場所へ帰ってきます。

どうなるか知りたいなら，地球が球であることを知らなかった昔のギリシア人のことを考えてみるがよい。そのギリシア人が，だれかにたえずまっすぐに北へ向かって行けと命令したとするのだな。その使いがしまいに南の方から帰ってきた時の驚きを想像してみるがよい。昔のギリシア人は世界をまわる（この場合は地球をまわるわけだが）という考えをもっていなかったから，使いが道をまちがって曲がった路をとって帰ってきたに違いないと思うだろう。ところが実際は，常に地球上に引き得るもっともまっすぐな線に沿って進んでいたが，地球を1まわりしたので反対の方向から帰ってきたのだ。わしの手帳でも途中他の石とぶつかって，まっすぐな路をはずれさえしなければ，同じことになるわけだ。さあ双眼鏡を取ってまだ見えるかどうか見たまえ。」

　トムキンス氏は双眼鏡を目に当てました。ホコリがひどくてあたりが何となくぼんやりしていましたので，かなたの空中をどんどん遠ざかって行く教授の手帳を見るのに苦労しました。本もそうでしたが，遠くの方ではすべてのものが赤味を帯びているのにはちょっと驚かされました。

　「だけどあなたの手帳は帰ってきますよ。だんだん大きく見えてきました」としばらくしてから大声で叫びました。

　「いや，まだ遠ざかっているのだ」と教授は答えました。「そ

れが帰ってでもきそうに形がだんだん大きく見えるのは，閉じた
球形の空間には光線を集める特別の作用があるからだ。話しを先
程のギリシア人のことにもどそう。光線がしょっちゅう地球の曲
がった表面に沿って進むようになっているとすれば——たとえば
大気の屈折によるとしてもよいが——強力な双眼鏡をつかって使
いが旅をつづける間じゅう見ていられるわけだ。地球儀を見てい
ればその表面でのもっともまっすぐな線，つまり子午線の一方の
極から広がって，赤道を越え，そうして反対の極に集まるのがわか
るだろう。光線が子午線に沿って進むとすれば，まあかりに君が
一方の極にいるとして，君から遠ざかって行く人は赤道を越える
まではだんだん小さく見える一方だ。この線を越えると，しだい
に大きくなって，帰ってでもくるかのように見えるだろう。もっ
ともうしろ向きではあるがね。彼が反対側の極に行き着いた時に
は，ちょうど君のすぐ側に立ってでもいるように大きく見えるは
ずだ。けれども彼にさわることはできない，球面鏡の中の像にさ
われないのと同じことだ。この2次元の地球表面のことから類推
すれば，奇妙な湾曲した3次元空間内の光線にどんなことが起こ
るか想像できるだろう。さて，手帳の像もだいぶ近づいたことと
思うが。」 本当に，トムキンス氏が双眼鏡をはずしてみますと，
わずか数メートルのところに手帳がきていました。だがひどく変

なのです！　輪郭もはっきりせず，何だか形も崩れたようで，教授の書いた数式もはっきりわかりません。手帳全体がピントのはずれた現像不足の写真のようでした。

　「これはただ手帳の像だということがおわかりだろう」と教授は申しました。「光が宇宙を半分まわってきているからひどくゆがんでいる。像だということをはっきり確かめたいなら，そら，ご覧，本の後の石が透いて見えている。」

　トムキンス氏は本にさわろうとしましたが，その手には何の手ごたえもなく像を通り抜けました。

　「あの手帳はいま宇宙の反対側の極に非常に近づいている。君がここで見ているのは，まさしくその2つの像なのだ。2番目の像は，そら君のうしろにある。両方の像が重なりあった時，本物の手帳はちょうど反対側の極にあるのだ。」トムキンス氏は教授のいうことを聞いてはいませんでした。彼は初歩の光学では凹面鏡やレンズにより物体の像がどうしてできるかを思い出そうと，一生懸命だったのです。とうとうそれをあきらめてしまった時には，2つの像はふたたび反対の方向に進んでいました。

　「しかしどうして空間が曲がったり，こんなおかしなことが起こったりするのですか？」と教授にたずねました。

　「質量をもった物質があるからだ」答えはこれでした。「ニュ

ートンが引力の法則を発見した時には，引力をまあ普通の力，た
とえば２つの物体の間に弾力のある糸を張った時に現われるのと
同じ型の力と考えていた。ところが，引力の作用のもとではどん
な物体でも重さや大きさに関係なく，同じ加速度をもって同じよ
うに運動することが不思議に思われていたのだ。もちろん，空気
の摩擦やそうしたものは考えないとしての話しだが。質量をもつ
物質には根本的な性質として空間を湾曲させる作用のあること，
引力の場ではあらゆる運動体の軌道が曲るが，これは空間そのも
のが曲がっているためだということを，初めて明確にしたのが
アインシュタインなのだ。もっとも数学を充分知らない君にはむ
ずかしすぎることだとは思うが。」

　「まったくです」とトムキンス氏はいいました。「けれども物
質がなかったなら，私が学校で教わったような幾何学が成り立っ
て，平行線が交わらないってことになるでしょうか？」

　「そうかもしれん」と教授は答えました。「しかしそれを調べ
る者もいないわけだ。」

　「ははあ，じゃユークリッドもいないってわけですね。してみ
ると絶対空虚の空間の幾何学ができるのですか？」

　だが，教授はこの形而上学的な空論にはいるのを好まぬようで
した。

　そうこうしているうちに，手帳の像はふたたびもとの方向にずっと遠ざかって行きましたが，ふたたび帰ってきはじめました。今度は前よりずっとひどく，まったく見分けることができないほどでした。教授によると今度は光線が宇宙を 1 まわりしてきたためだそうです。

　「もう一度ふり返ってみたまえ。」トムキンス氏に向かって教授は申しました。

　「わしの手帳がとうとう世界 1 周の旅をおえて帰ってきたよ。」教授は手を伸ばして手帳をつかまえ，ポケットに押し込んでつづけました。「ご覧のとおりこの宇宙には砂ボコリや石が非常に多いので，世界を見とおすことはとてもできない。君も見られるとおり，われわれの周囲には形のはっきりしない影があるが，おそらく大部分，われわれの像かまわりの物の像なのだ。だが砂ボコリや空間の不規則な湾曲の具合で，はなはだゆがめられているから，どれがどれということさえいえない。」

　「私たちが前に住んでいた，あの大きな宇宙でも同じことが起こるのでしょうか」とトムキンス氏はたずねました。

　「うん，そうだよ」と教授はうなずきました。「だがあの宇宙は非常に大きいので，光が 1 周するのに何十億年もかかる。君は自分の頭のうしろの方を刈るのに鏡なしで見ることができるはず

だ，もっとも床屋へ行ってから数十億年後のことにはなるけども
ね。それにたいていは，星の間のチリやホコリで様子がすっかり
ボーッとなってしまうだろう。余談だが，イギリスのある天文学
者は，たぶん冗談としてではあろうが，かつてこんなことさえ考
えたものだ。現在大空に見える星の中には，かつて大昔に存在し
た星の像にすぎないものもあるだろうと，ね。」

＊　　　　　　＊　　　　　　＊

　こんな話しをみんな理解しようと苦心したので，すっかり疲れ
たトムキンス氏はあたりを見まわしていましたが，空の模様がだ
いぶかわってきたのに気づいて，大いに驚きました。まわりの砂
ボコリも少なくなったようなので，今まで顔にあてていたハンカ
チをとりました。小さい石の通りすぎるのも間遠になり，岩に突
き当たる勢いも弱くなってきました。2人のいる岩と同じくらい
の大きな岩も初めは2，3見えていましたが，しだいに遠のい
て，とうとうほとんど見えないくらい遠方へ行ってしまいまし
た。

　「おや，どうもよほど楽になってきたようだ。この動いている
石がひとつでもからだにぶっつかってはと，しょっちゅう心配で
しょうがなかった」とトムキンス氏はひとり言をいいましたが，
教授の方を向いて申しました。「どうしてまわりの模様がかわっ

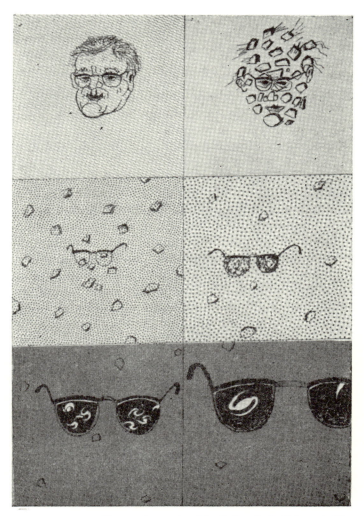

宇宙は限りなく膨張し，ひえていく。(The Sydney Daily Telegraph, 16 January 1960 より。)

たか説明して下さいませんか。」

「おやすいご用だ，われわれの小さな宇宙は急激に膨張しているのだ。われわれがここにきてから，その大きさが **10 キロメートルからほぼ 200 キロメートル**ぐらいまで増してきている。わしはここへやってくるとすぐに，遠くのものが赤くなるので膨張しているのがわかったよ。」

「ええ，私にも遠くの方ではみな赤くなるのが見えます」とトムキンス氏は申しました。「でも，なぜそれが膨張することになるのですか？」

「君は汽車が近づく時は汽笛が非常に高く聞こえるが，通りすぎれば逆に非常に低く聞こえるのに気づいたことがあるかね？」と教授は申しました。「これがすなわち，音を発するものの速さで調子がかわるという，いわゆるドップラー効果だ。空間全体が膨張している時は，その中のすべての物が観測者からの距離に比例した速さで遠ざかって行く。だから，そんな物体から発せられる光はだんだん赤くなる，つまり光として低い調子のものになるわけだ。遠ざかるに従って動き方も速くなり，ますます赤く見えるようになる。われわれが前にいた結構な宇宙では，これもまた膨張しているのだが，天文学者はこの赤くなり具合，すなわち，われわれが赤方変移と呼んでいるもので，非常に遠方の星雲の距

離を推定している。たとえば，もっとも近いものの1つである，いわゆるアンドロメダ星雲では，この赤くなり具合が0.05パーセントで，これは光が80万年かかって達する距離に相当する。しかし現在の望遠鏡でようやく見える極限の星雲では，およそ15パーセントの赤くなり方で，数億光年の距離に相当するようなのもある。おそらく，こうした星雲はだいたい天空の赤道の中間部にあるものらしく，地球の天文学者に知られている空間の全容積はその宇宙の全容積の相当な部分になるらしい。現在での膨張の割合は1年に0.00000001パーセントで，1秒ごとに宇宙の半径が1,000万キロずつ増している勘定になる。この小さな宇宙では広がり方がずっと速く，1分間に1パーセントの割合で増しているようだ。」

「この膨張はいつまでも止まらないのでしょうか？」とトムキンス氏はたずねました。

「もちろん止まるとも」と教授は答えました。「今度は収縮し始めるのだ。どんな宇宙でも非常に小さい状態と非常に大きい状態との間を往復する。大きな宇宙ではこの周期がかなり長く，おそらく数十億年程度と思うが，この小さな宇宙ではその周期がわずか2時間ばかりなのだ。われわれはいま膨張して一番大きな状態になっているところを見ていると思う。だいぶ寒くなってきた

が君は気がついているかね？」

　実際，全宇宙を満たしている熱輻射は，いまは大きな容積に広がらねばならないので，2人のいる小さな遊星にはごくわずかの熱しかやってまいりません。温度もほとんど氷点まで下がりました。

　「幸いなことに」教授は申しました。「もともと相当の輻射があったので，これほど膨張しても，なおいくらか熱がやってくる。さもなければ非常に寒くなって，周囲の空気も凝固して液体になり，われわれは凍死するようになるかもしれないのだ。だが，もう収縮が始まっているからやがてまた暖かくなるだろう。」

　空をながめながらトムキンス氏は遠方の物体の色が赤から紫にかわったのを認めました。これは教授によると，天体がみな2人の方に向かって動き出したためだそうです。彼はまた汽車が近づく時には，その汽笛の音が高くなるという教授の話しを思い出しました。そして恐ろしさにぞっとしました。

　「いますべてのものが収縮しているのなら，間もなく宇宙全体の大きな石という石がみな集まってきて，私たちはおしつぶされはしませんか？」と心配そうに教授にたずねました。

　「確かにそうなるだろう」教授は平然として答えました。「しかしそうなる前に温度が非常に高くなって，われわれはともにば

らばらな原子に解体することになると思う。まあ大宇宙最後の光景のヒナ形というところだね——すべてのものが混じり合って，いちような高温のガス体の玉になってしまう，そうしてただ新しい膨張とともに新しい生命が始まるのだ。」

「ああ！」とトムキンス氏はつぶやきました——「大きな宇宙ではあなたのおっしゃるように，終わりになるまでに何十億年もかかろうというのに，ここではあまり速すぎます。パジャマを着ていてさえもう暑くてたまりません。」

「ぬがない方がよかろう」と教授は申しました。「ぬいだところで役には立たない。さあ，伏せてできるだけ長く観測するんだね。」

トムキンス氏は答えませんでした。暑い空気はたえられなくなりました。砂ボコリは今では大へん濃くなってまわりに集まってきましたが，柔らかく暖かい毛布にくるまっているような感じでした。彼が自由になろうともがいているうちに，手が冷たい空気の中に出ました。彼の最初に思いついたことは，「この無慈悲な宇宙に穴でも掘ったら」ということでした。このことを教授に相談しようと思いましたが，教授の姿はどこにも見当たりません。そのかわり，朝のほのかな光の中に，いつもの寝室の家具が姿を現わしてきました。彼はしっかり毛布にくるまって寝ていたので

すが，ちょうど手を出そうとしていたところでした。

　「新しい生命は膨張とともに始まる」，老教授のことばを 思い出しながら考えました。「ありがたい こ とにわれわれはまだ膨張している！」それから彼は朝風呂に出かけました。

第6話　宇 宙 オ ペ ラ

次の朝，トムキンス氏は朝食の時，前夜見た夢を老教授に話しました。教授は疑わしそうに聞いていましたが，聞き終わった時次のように申しました。

「宇宙の壊滅というのは非常にドラマチックな幕切れだが，しかし私は，銀河系相互の間の後退速度がきわめて大きいことから考えて，現在の膨張が収縮に変わることはけっしてないだろうと思う。だから，銀河系をつくる全部の星の原子燃料がすっかり燃えつきてしまった後は，宇宙は暗く，冷たい天体の残がいをなおも遠く分散させていく，無限に希薄なものになってしまうだろう。」

「しかし，これとはちがった別の考え方をしている天文学者もいる。彼らの唱えているのはいわゆる定常宇宙論で，それによると宇宙は時間に関して不変であるという。つまり，宇宙は遠い遠い昔にも，現在われわれが見ているのとほとんど同じ状態にあったし，また無限の未来にも同じように存在するであろう，というのだ。いうまでもなく，この理論は世界の現状をそのまま保存し

ようという大英帝国の古き良き原則に従うものではあるが，しか
し私自身は，この定常宇宙論が真実であると信じようとは思わな
い。ところで，この新しい理論を提唱した人のひとりで，ケンブ
リッジ大学の理論天文学の教授でもある人が，この問題を主題に
したオペラを書いて，来週コベント・ガーデンで初演することに
なっている。どうだ，モードを連れて聞きにいかないか。たいへ
んおもしろいと思うが。」

　イギリス海峡に面した海水浴場はみなそうなのですが，間もな
くトムキンス氏の行った海岸も急に寒くなり，雨ばかり多くなっ
てきましたので，町に引き上げたトムキンス氏は，オペラの初日
の日にはモード嬢といっしょにオペラ劇場の赤いビロード張りの
いすに心地よくすわって，幕の上がるのを待っていました。序奏
はプレチピテボリッシメボルメンテ（大あわてに，とび上がって，
飛ぶように）で始まりましたので，オーケストラの指揮者は曲が
終わるまでに，２回もカラーを取りかえなくてはなりませんでし
た。そしてついに，幕がさっと上がりました。舞台の照明はひど
く強烈でしたから，聴衆は両手で目をおおって，影をつくらなく
てはならないほどでした。舞台から発せられる強い光はただちに
劇場のすみずみまでひろがり，さじき席も土間も輝かしい光の洪
水にのみこまれてしまいました。その強い光がゆっくりと消えて

いった後には，トムキンス氏は自分がまっくらな空間をただよっているように感じました。舞台には，夜間のお祭りで使う火車のような，急速に回転するたいまつがたくさん残っていました。闇の中に姿を消したオーケストラは，オルガン音楽に似た調べをかなではじめました。トムキンス氏は舞台の手前側に，牧師さんの

トムキンス氏は牧師のような人が舞台に現われるのを認めました。

ような黒い背広と白いカラーをつけた人が現われたのを認めまし
た。オペラの台本によると，それはベルギーの神父ジョルジュ・
ルメートルで，膨張宇宙理論の最初の提唱者だそうです。

　トムキンス氏は今でも，この神父さまのアリアの最初の何行か
を覚えています。

おお，原始原子よ！

すべてを含む原子よ！　　おまえは

ひどく小さな破片に分かれてしまった。

　　その原始エネルギーで

　　銀河をつくりながら。

おお，放射性原子よ！

すべてを含む原子——

おお，宇宙原子

　　神の創造物よ！

その長い進化の明かす

万能の神の仕掛け花火は

すべて灰に帰し，一握りのいぶり火を残すのみ。

　　弱まり行く太陽が照らしつづける

　　灰燼の上に立ちてわれらは，

その壮大な起源を

想起せんとつとめる。

おお，宇宙原子——

　　神の創造物よ！

ルメートル神父のアリアが終わると，こんどは背の高い人が現

われました。この人は（またオペラの台本によれば）ロシアの科学者で，ジョージ・ガモフという人だそうですが，この30年というもの，休暇をとって，アメリカに行っていたのだそうです。彼はこんなふうに歌いました。

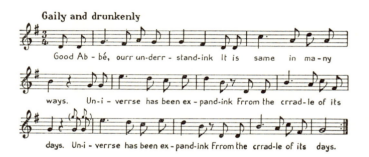

神父さま，私たちはいろんな点で

　　同じように考えていますね。

宇宙はその揺籃の日から

ずっと膨張しつづけてきました。

　　宇宙はその揺籃の日から

　　ずっと膨張しつづけてきました。

宇宙の運動がますますさかんになったと話されましたが

　　この点では遺憾ながら同意できません。

それに，宇宙が現在にいたった経過についても
　私たちの意見はくいちがいます。
　　それに，宇宙が現在にいたった経過についても
　　私たちの意見はくいちがいます。

最初にあったのは中性子の流体——神父さまの
　原始原子ではありません。
それに宇宙は無限です，
　昔から無限だったのです。
　　それに宇宙は無限です，
　　昔から無限だったのです。

崩壊する限りなき天蓋の中で
　気体はすべてその最期の時を迎えた，
大昔（数十億年以前）のこと
　物質は密度最大の状態を迎えた。
　　大昔（数十億年以前）のこと
　　物質は密度最大の状態を迎えた。

この重大な時点において
　宇宙全体がまばゆい光輝におおわれた。

この時，光は物質より優勢であった，

　　詩において韻律が押律より優勢であるように。

　　　この時，光は物質より優勢であった，

　　　　詩において韻律が押律より優勢であるように。

この時，輻射1トンにつき

　　物質はわずかに1オンス。

それから原始圧縮の反動として

　　膨張への衝動が与えられた。

　　　それから原始圧縮の反動として

　　　　膨張への衝動が与えられた。

光は次第に青ざめ，

　　何億年かがすぎていった……。

　　物質には豊富な貯えがあって，

　　光に優越していく。

　　　物質には豊富な貯えがあって，

　　　　光に優越していく。

物質はついで凝縮を始めた

　　（ジーンズの仮説にいうように）。

　巨大な気体状の星雲に分かれて
　　いわゆる原始星雲を形成した。
　　　巨大な気体状の星雲に分かれて
　　　いわゆる原始星雲を形成した。

　原始星雲は粉々に裂けて，
　　夜の闇の中を外に向かって飛びちった。
　そこから星が生まれ，夜空に散って，
　　宇宙は光に満たされた。
　　　そこから星が生まれ，夜空に散って，
　　　宇宙は光に満たされた。

　星雲はたえず回転をつづけ，
　　星はいつか燃えつきるであろう。
　わが宇宙がますます希薄になって
　　冷たく暗くいのちなくなるまで。
　　　わが宇宙がますます希薄になって
　　　冷たく暗くいのちなくなるまで。

　トムキンス氏が今でも思い出せる第三のアリアは，このオペラ
の作家みずからが歌ったものですが，この人は明るく輝く銀河の

間の暗闇の虚無の中から，不意に物質化して姿を現わしました。
そしてポケットから，生まれたばかりの銀河を取り出しながら歌
いつづけました。

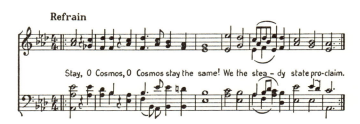

　　　神かけて，宇宙は

　　　　昔のある時に生まれたのではない。

　　　ボンディ，ゴールド，それに私のいうように

　　　　過去，現在，未来を通じて存在する。

　　　　おお宇宙よ，常に同じであれ！

　　　　われらの唱える定常状態に！

　　　年とった銀河は分散し，燃えつきて

　　　　舞台から消え去っていくが，

　　　それにもかかわらず，この宇宙は

　　　過去，現在，未来を通じて存在する。

　　　おお宇宙よ，常に同じであれ！

　　　われらの唱える定常状態に！

　　それにとってかわって，新しい銀河が

　　　前と同じ様に無から創造される。

　　（怒りなさるな，ルメートルよ，ガモフよ）

　　　前にあったものは，常にそこにあるのだ。

　　　おお宇宙よ，常に同じであれ！

　　　われらの唱える定常状態に！

　こんな目ざましいことばにもかかわらず，まわりの宇宙空間に
ただよう銀河はすべて次第に薄れて行って，ついにビロードの幕
が下り，大きな劇場の内部はそれにかわってシャンデリアで照ら
されていました。

　「ねえ，シリル」と，モードがいっているのが聞こえました。
「あなたがいつでも，どこでも居眠りなさることは知っています
けど，コベント・ガーデンで居眠りしちゃいけませんわ。あなた
ったら，最初から最後まで，ずっと寝ていらっしゃるんですも
の。」

　トムキンス氏がモード嬢を送っていくと，教授は安楽いすにす

わって，新しく着いたばかりの『天文月報』という雑誌を手にしていました。

「オペラはどうだったね」と教授はたずねました。

「すばらしかったですよ」と，トムキンス氏は答えました。「とくに，宇宙が永久に存在するというアリアはすてきでした。あれを聞くと安心できますものね。」

「あの理論には用心しなくてはいけないよ」と教授は申しました。「『光るものすべてが金ではない』ということわざは知っているね。私はちょうど今，やはりケンブリッジ大学のマーチン・ライルという人の論文を読んでいたところだが，この人はパロマー山観測所の5メートル望遠鏡より何倍も遠くが観測できる巨大な電波望遠鏡を建設したそうだ。このライルの観測によると，非常に遠くにある銀河は，われわれの近くにある銀河より，おたがいにずっと接近して配置されているという。」

「つまり」とトムキンス氏はたずねました。「宇宙のうちでも，われわれの近くの部分では銀河の人口密度が比較的小さくて，遠くに行くほど密度が高くなるということですか。」

「いや，そうではない」と教授は申しました。「光の速度は有限だから，宇宙のはるかかなたを見るときには，遠い昔をのぞいていることにもなる，ということは君も覚えているだろう。たと

えば，光が太陽から地球まで旅してくるには8分間かかるから，太陽の表面のフレアはいつでも8分間遅れて地球上の天文学者に観測されることになる。アンドロメダ星座のらせん星雲については，君も天文学の本で読んだことがあるだろうが，これは約100万光年の距離にある太陽からもっとも近い隣人のひとつだが，その星雲の写真は実は，その星雲の100万年前の様子を示していることになる。同様にして，ライルが電波望遠鏡で見た——あるいは聞いたといった方がよいかもしれないが——のは，ここから遠くはなれた宇宙のその部分の数十億年以前の状態なのだ。もし宇宙がほんとうに定常状態にあるとすれば，宇宙は昔も今もまったく変わらないはずだから，現在われわれの観測する非常に遠い星雲は，比較的近くにある星雲より密でも，粗でもなく，だいたい同じくらいの密度で分散しているにちがいない。つまり，非常に遠いかなたにある星雲が宇宙空間にかなり密に分布しているというライルの観測は，何十億年も昔には宇宙のどこをとっても星雲の分布が現在よりずっと密であったということと同じである。したがってこれは，定常宇宙理論に矛盾し，星雲は次第に分散し，その宇宙空間における密度は次第に低下していくという最初の見方を支持している。しかし，われわれはいうまでもなく慎重にふるまわなくてはならないから，ライルの観測がもっと強力な裏づ

けを得るまで，はっきりした結論を下すことはできない。」

　「ところで」と教授は，ポケットから折った新聞をとり出して
つづけました。「ここに載っている詩は，詩の好きな私の同僚が
この問題について書いたものだ。」

　教授の読み上げた詩はこんなふうになっていました。

　　「お気の毒だが何年もかかって」と
　　ライルがホイルにいった。
　　　「とんだ骨折り損，
　　定常宇宙は
　　時代遅れだ，
　　　私の目に狂いがなければ。

　　私の望遠鏡は
　　あなたの望みと
　　　教義をくだいた。
　　一言で片付ければ，
　　われらの宇宙は
　　　日ごとに膨張する！」

　　ホイルは答える。

「そういう文句は

ルメートルから聞いたのか,

　それともガモフか, そんなものは忘れろ!

あのロクでなし,

とんでもない大爆発説,

なんでやつらの肩を持って,

　おだてなければならないのだ。

よく聞きたまえ,

宇宙に終わりはない。だから

　始まりもないはずだ,

ボンディ, ゴールド,

それに私は主張する,

　たとえしらがになろうとも。」

「とんでもない!」

怒りをこらえて

　ライルは叫んだ。

「遠い宇宙を

ながめてみたまえ,

　島宇宙がぎっしりさ。」

「だまれ，だまれ！」

ホイルも負けずに

　　やりかえす。

「朝な夕なに，新たに

物質は生まれ

　　宇宙のながめは恒常だ！」

「手をあげたらどうだ，ホイル。

私はまだまだあなたを

　　悩ませよう」（これからがおもしろい）

「しかしそのうちには」

とライルはつづける。

　　「あなたも正気にかえるだろう。」

「まったく，この論争の結着がどうなるか，これはおもしろいですね。」　それからトムキンス氏は，モード嬢のほほにキスして，2人にわかれをつげました。

第7話　量子玉突き

　ある日，銀行を出たトムキンス氏はすっかり疲れきっていまし
た。銀行では1日じゅう『至急』の仕事に追いかけられて，息を
つく間もなかったのです。ちょうど通りかかったビヤホールで，
彼は1杯やっていこうと決心しました。ビヤホールの奥は玉突き
場になっていて，数人の人が上衣を脱いで，中央のテーブルで玉
突きをやっていました。彼はなんだか，前に一度ここへきたこと
があるように思いました。その時はたしか銀行の同僚がつれてき
て，彼に玉突きを教えてくれたのでした。彼はテーブルに近よっ
て，ゲームをのぞいてみました。ところが，まことに奇妙なので
す。1人が玉をテーブルに置いてキューで突いたのですが，ころ
がっていく玉を見ていると，驚いたことに玉が「広がり」始めた
のです。玉台のラシャの上をころがって行く玉の奇妙な様子は，
「広がる」というよりほかにどうにもいい表わしようのないもの
で，はっきりした輪郭を失ってだんだん形がくずれていくようで
した。なんだかテーブルの上をころがっているのは1つの玉では
なくて，お互いに少しずつめり込んだ多数の玉のように見えまし

た。トムキンス氏は今までにも時折りこんなになるのを見たことがあります。しかし今日はウィスキーを1滴もやっていないのですから，今どうしてこんなことが起こるのかわかりかねました。「よし，この玉の粥<ruby>粥<rt>かゆ</rt></ruby>が他の玉とどんなふうに衝突するか見てやろう」と考えました。

　玉を突いている人は確かに名手で，ころがって行った玉は，文字どおり他の玉に正面衝突をしました。衝突の際に大きな音はしましたが，止まっていた玉も両方とも（トムキンス氏にはどれがどれだかはっきりいえませんでしたが）あらゆる方向につき進みました。ほんとにそれは不可思議なものでした。もはや粥みたいな玉がただ2つあるというのではなく，かぞえきれないほどの玉がみな**非常に**ぼんやりとして粥のようになりながら，もとの衝突の方向から180度の範囲内につき進んで行きました。むしろ，突き当たった場所から特別の波が出ているといったふうでした。

　もっともトムキンス氏はもとの衝突の方向で玉の流れが最大になっていることは認めました。「S波の散乱*だ。」トムキンス氏の背後で聞きなれた声がしました。それは教授でした。「さあ」

＊　S波の散乱。被散乱体の散乱体に対する角運動量がゼロであるような散乱のことです。この玉突きの玉のように直接ぶつかるものと考えてもよいでしょう。

玉があらゆる方向に進んだ

トムキンス氏は大声で申しました。「ここにもまた曲がったものが
ありますか？　テーブルは完全に平たいようですけど。」

　「まったくそのとおりだ」と教授は答えました。

　「ここでは空間はまったく平たい，君の見ているのは実は量子
力学的現象なのだ。」

　「ああ行列ですか！」とトムキンス氏は少々皮肉に出ました。

　「いや，むしろ運動の不確定だ」と教授は申しました。「この
玉突き場の親父というのが，まあ，わしなら『量子肥大症』とで
もいうところだが，それにかかったものをいくつか集めている。

実際，自然界の物体はみな量子法則に従うが，こうした現象を支配するいわゆる量子常数なるものはおそろしく小さいのだ。事実その数値には小数点以下ゼロが27もつく。ところが，これらの玉ではその常数が非常に大きい──ほとんど1なのだ──それで君は，科学が非常に精妙な手段をつくして観測したすえ，ようやく見いだすことのできた現象を，自分の目で容易に見ることができるのだ。」ここで教授はちょっと思案顔になりました。「わしはかれこれせんさくする気はないが」つづけて申しました。「あの親父がこの玉をどこで手に入れたか知りたいものだ。やかましいことをいえば，こんなものはわれわれの住む世界には存在し得ないはずだ。この世界のどんなものにとっても量子常数はみな小さな同じ値しかとれないのだから。」

　「どこか外の世界から仕入れたのかもしれませんね。」とトムキンス氏が申してみましたが，教授は満足せず不審の様子でした。

　「玉が『広がって』行くのに気がついたろう」と教授はつづけました。「これはテーブルの上で玉の位置がはっきりとはきまらないことを表わしている。実際玉の位置を正確に示すことはできない，まあ，せいぜい玉が『だいたいここにある』とか『一部はどこか他のところにある』とかいえるくらいのものだ。」

　「大へんかわっていますね」とトムキンス氏はつぶやきました。

「いいや，反対にまったくあたり前のことなのだ。」と教授は強調しました。「どんな物体にも常に起こっているという意味ではな。ただ量子常数は非常に小さいし，通常の観測の仕方が大ざっぱなものだから，一般の人びとはこの不確定さに気がつかないのだ。だから位置とか速度とかが常にきまった量だという間違った結論に到達する。実際は両方とも常にある程度まで不確定なものなのだ。一方をよくきめれば他方がますます広がって行く。量子常数は実にこの２つの不確定さの間の関係を支配するものなのだ。見ていたまえ，わしがこの玉を木の三角な箱に入れて，その位置をきっちり制限するから。」

玉が箱の中に置かれると，三角な箱の中全体がぞうげの光で輝き渡りました。

「そら」教授は申しました。

「わしは玉の位置を大きさ10センチメートルばかりの三角な箱の中に限ったよ。このため速度に大きな不確定さをもたらすことになって，玉は箱の中で非常に速く動いている。」

「それを止めることはできないのですか？」とトムキンス氏はたずねました。

「ああ——それは物理的に不可能だ。囲まれた空間の中にある物体は，どんなものでもある運動をする——われわれ物理学者は

それを零点運動といっているがな。たとえば原子の中の電子の運動のようなものだ。」

トムキンス氏は，オリの中のトラのように箱の中をあちこち突っ走っている玉を見ていましたが，非常に変なことが起こりました。玉は三角な箱の壁から「しみ出し」，次の瞬間には，テーブルの向こうの隅の方にころがって行きました。不思議なことには確かに玉は壁を飛びこしたのではないのです。テーブルから飛び上がりもしないのに壁を通り抜けたのです。

「さあ，それご覧なさい，あなたの『零点運動』は逃げ出しましたよ。あれでも法則に従っているのですか？」

「もちろんだ，実際これは量子論のもっともおもしろい結果の1つなのだ。どんな物体でも壁を通ったあとで逃げ去るだけのエネルギーがあれば，箱の中に閉じておくことはできない。遅かれ早かれ，まさしくしみ出して逃げて行くな」と教授はいいました。

「じゃ，今後動物園に行くのはよしましょう」トムキンス氏はきっぱりといいました。彼はライオンやトラがオリの壁からしみ出す恐ろしい光景をありありと想像したのでした。それから彼の考えはいく分異なった方に向かい，車庫に安全にしまってある自動車が，ちょうど中世のおなじみの幽霊のように車庫の壁から

ちょうど中世紀のおなじみの幽霊のように。

しみ出るのを想像しました。

　「一体どのくらい待てばよいのですか」と彼は教授にたずねました。「ここのイカサマみたいなものじゃない，正真正銘の鋼鉄で造った自動車ですが，それがたとえばレンガの壁からしみ出るまでには。私はぜひそれが見たいものですよ！」

　教授は頭の中ですばやく計算をしてすぐに答えました。「それはおよそ 1,000,000,000……000,000 年ぐらいかかるな。」

　トムキンス氏は銀行の勘定で大きな数にはなれっこになっていましたが，それでも教授のあげたゼロの数はわからなくなってしまいました——ともかく，自分の車が逃げだすのを心配しなくて

もよいくらい充分長かったのです。

「あなたのいわれることをみな信じるとしましょう。だが，どうしてそうしたことが観測できるかそれがわかりませんね——われわれはこんな玉を持ってもいないのに。」

「もっともな疑問だ。もちろん君が，通常取り扱っているような大きな物体で量子現象が認められるとはいわないよ。だが大切な点は，量子論を質量の非常に小さなもの，たとえば原子とか電子とかに適用する時，その影響がだんだん目だってくることだ。こんな粒子に対しては量子効果が非常に大きいので，通常の力学はまったく適用できない。2つの原子の衝突は，君がいま見た2つの玉の衝突にそっくりだし，原子の中の電子の運動は木箱に入れた玉突きの球の『零点運動』に非常に似たものなのだ。」

「原子も車庫からしばしば逃げ出したりするのですか？」とトムキンス氏はたずねました。

「それは出るな。君はもちろん，放射性物質の話しを聞いたことがあるだろうな。原子が突然こわれて非常に速い粒子を出すということを。そんな原子，というよりその中央部の原子核と呼ばれるもの，これが車庫とまったく同じようなものだ。もっとも中にあるのは車ではなくて，別な粒子だがね。この粒子が核の壁からしみ出して逃げる——ときには1秒間もその中にとどまってい

ないことがある。こうした核の中では，量子現象はまったくあたりまえのことなのだ。」

トムキンス氏はこの長い話しにすっかり疲れを感じ，ボーッとしてあたりを見まわしました。部屋の隅に立っている大きな振り子時計に目がとまりました。長い古風な振り子がゆったりと左右に振れていました。

「君はこの時計に興味をひかれているようだな」と教授は申しました。「これもまた少々かわった機械だ——だがいまではまったく旧式になってしまった。この時計はまあ，人びとが量子現象を初めて考えた頃のやり方を表わしている。その振り子は振幅がきまった幅だけ *増すことのできるように調整してある。だがいまでは，時計製造者はみな新式の広がる振り子を作りたがっているようだ。」

「ああ，こんなにややこしいことがみんな理解できたら，すばらしいのですね！」と，トムキンス氏はなげきました。

---

* その振り子は振幅がきまった幅だけ…これは原子内電子のことを時計の振り子にたとえていったもので，「振幅がきまった幅だけ増すことのできるよう調整してある」とはボーアの考えを示したものです。「新式の広がる振り子」とはド・ブロイ，シュレーディンガーの波動力学的な考えをいっているものです（144ページ参照）。

「できるとも」と教授は答えました。「私は今から量子論に関する講演に行くところだ。ちょうどこのビヤホールの前を通りかかったら，ガラス窓から君が見えたので，ちょっと道草をしにはいってきたのだが，もう出かけないと講演の時間に遅れてしまう。どうだ，君もいっしょにこないかね。」

「もちろん，よろこんでまいります」とトムキンス氏はいいました。

大きな講義室はいつものように学生で満員でした。しかしトムキンス氏は，部屋の後方の階段席にやっともぐりこむことができました。

紳士ならびに淑女諸君

さきの2回にわたる講演におきまして，あらゆる物理的な速度に最大限度が存在することが発見されたために，また直線という概念の分析によって，なぜ空間と時間に関する古典的概念を根本的に建て直さなければならなくなったかについてお話しいたしました。

しかしながら，物理学の基礎に対する批判的分析の進展はこの段階でとどまりはいたしませんでした。さらに注目すべき発見や結論が用意されていました。私はこれから量子論として知られた

物理学の分野についてお話ししましょう。これは空間や時間自身の性質にはあまり関係がなく，空間や時間の中における物質の相互作用ならびに運動に重きをおくものです。古典物理学においては，いかなる物理的2物体間の相互作用も，実験の条件によっていくらでも小さくすることができ，必要ならばいつでも実際にゼロにすることもできるということが，常に自明のこととして容認されていました。たとえば，ある過程によって与えられる熱を調べるさいに，寒暖計を入れて測ると熱をいくらかうばうため，観測される過程の正常な進行をみだすおそれがあるとすれば，実験者はさらに小さな寒暖計か，または非常に微小な熱電対を使って，このかく乱を必要な正確度の限界以下にさげることができます。

いかなる物理的過程といえども，観測によるかく乱をこうむらずに，必要な正確度をもって観測することが原理的に可能であると強く確信していましたため，だれしも，このような事柄を厳密に数式化してみようと思う人がありませんでした。そうしてこの種の問題はすべて，常に純粋に技術的な困難であると考えられてきました。ところが，今世紀の初めから累積された経験的事実により，物理学者は事態ははるかに複雑であり，**自然界には越えることのできない相互作用の最低限度が存在する**という結論に到達

　いたしました。この自然界における正確度の限界は，われわれが
日常生活において経験する変化においては，いずれの場合でも無
視し得るほど小さいのですが，原子とか分子のような微小な力学
系に起こる相互作用を取り扱う場合には，まったく重要な役割を
演ずるようになるのです。

　1900年に，ドイツの物理学者マックス・プランクは，物質と輻
射の間の平衡状態を理論的に研究しているとき，驚くべき結論に
達しました。すなわち**物質と輻射の間の相互作用は，われわれが
常に考えているように連続的には起こらず，不連続な「衝動」が
つぎつぎに起こる**のであり，これらの相互作用における個々の基
本的作用において，一定量のエネルギーが物質から輻射へ，また
その逆に授受されるのだと考えなければ，このような平衡は不可
能であるというのであります。必要な平衡を得，かつ実験的な事
実との一致を得るためには，個々の衝動によって授受されるエネ
ルギーの量と，エネルギーの遷移過程における振動数（周期の逆
数）の間に，簡単な数学的比例関係を導入しなければ な り ま せ
ん。

　かくしてプランクは，比例常数を「h」という符号で表わしま
すと，遷移するエネルギーの最小値，すなわち量子は，

$$E = h\nu \qquad\qquad \cdots\cdots\cdots\cdots\cdots(1)$$

で表わされなければならないことを認めました。ここで ν は振動数を示します。この常数 h は 6.623×10⁻²⁷ エルグ秒という数値を持ち，一般にプランクの常数または量子常数と呼ばれています。このように数値が小さいため，量子現象が日常生活においては一般に観測されないのです。

プランクの仮説はアインシュタインによってさらに進展いたしました。彼は数年後に，**発散される輻射だけが一定の飛び飛びの値をとるのではなく，輻射は常に不連続な構造をもち，彼が光量子と名づけた多数の飛び飛びの「エネルギー束」から成る**という結論に到達しました。

光量子が運動している以上，エネルギー hν の外に力学的運動量をまたいくらか持っていなければなりません。これは相対性力学によってエネルギーを光の速度 c で割ったものに等しいはずです。光の振動数と，その波長 λ との間に ν＝c/λ という関係があるのですから，光量子の力学的運動量を，

$$P = \frac{h\nu}{c} = \frac{h}{\lambda} \qquad\qquad \cdots\cdots\cdots\cdots(2)$$

と書くことができます。

運動体との衝突によって起こる力学的作用は，その運動量によるのですから，光量子の作用は波長が短くなるとともに増してゆ

くという結果になります。

　光量子の仮説ならびにそれから出てくるエネルギーや運動量が正しいことをもっともよく実験的に証明したものは，アメリカの物理学者アーサー・コンプトンの研究であります。彼は光量子と電子の間の衝突を調べているうちに，光量子の作用によって運動を与えられた電子は，あたかも式(1)および(2)によって与えられたエネルギーと運動量を持った粒子によって衝撃を受けたかのように運動するという結果を得ました。光量子自身もまた電子と衝突した後（振動数に）ある変化を受けますが，これが理論から予期されたものに非常によく一致しているのであります。

　現在においては，輻射の量子的性質は，物質との相互作用に関するかぎりは，立派に確立された実験的事実であるといえます。

　この量子概念はデンマークの有名な物理学者ニールス・ボーアによってさらに進展いたしました。彼は1913年に次のような仮説を最初に提出いたしました。すなわち，**いかなる力学系の内部運動においても，可能なエネルギーは飛び飛びの値しか採り得ない。しかもその運動は一定の段階しか状態を変化し得ないで**，一定量のエネルギーがこのような遷移のさいに発散されるというのであります。力学系の可能な状態を定める数学的法則は輻射の場合よりはるかに複雑ですから，ここではそれらの数式に立ち入りませ

んが，ただ次のことだけを示しておきましょう。すなわち光量子の場合とまったく同様に，その運動量は光の波長によってきめられ，力学系におけるいかなる運動粒子の運動量も，その運動している空間領域の幾何学的大きさに関係があるのです。その大きさの程度は，

$$P_{粒子} \fallingdotseq \frac{h}{l} \qquad \cdots\cdots\cdots\cdots\cdots(3)$$

で表わされます。ここで l は運動領域の長さであります。量子常数が極度に小さいために，原子や分子の内部のような微小な領域で起こる運動の場合にだけ量子現象は重要になってまいります。また量子現象は物質の内部構造を知る上に重要な役割を演じます。

これらの微小な力学系に，一連の飛び飛びの状態が存在することを，もっとも直接に証明したものとして，ジェームス・フランクとグスタフ・ヘルツの実験があります。彼らは電子のエネルギーをいろいろにかえながら原子を衝撃し，入射電子のエネルギーが一定の飛び飛びの値に達した場合にだけ，原子の状態に明りょうな変化が起こることを認めました。電子のエネルギーをある限度より低くした場合には，原子に何らの効果も観測されませんでした。なぜなら，おのおのの電子により運ばれるエネルギーの量

が，原子を最初の量子状態から次の量子状態にあげるには不充分
だからであります。

　このように，この前期量子論が発展してきた時の状態は，古典
物理学の基礎的概念ならびに原理の変更であるとはいえません。
むしろ，いくらか神秘的な量子条件によって，古典的に可能な連
続的に変化する運動の中から，一連の飛び飛びの「許容された」
運動だけを選び出すための，いくぶん人為的な制限であるといわ
れるでしょう。しかしながら古典力学と，進歩した実験の要請に
よって生まれたこれらの量子条件との関係をさらに深く考察して
下されば，これらを統一してできた系が論理的に矛盾をきたし，
かつ経験的な量子的制限が古典力学の基礎をなす基本的概念を無
意味なものにしてしまうことがおわかりでしょう。実際，古典理
論の運動に関する基本的概念は，いかなる運動体でも与えられた
瞬間に空間のある位置を占め，その軌道の上における位置の時間
的変化によって特性づけられるところの一定の速度を持つという
のであります。

　古典力学という精巧をきわめた殿堂のすべての基礎となった，
位置や速度や軌道に関するこの基本的概念は（他のすべての概念
と同じように），われわれの周囲の現象の観測にもとづいて作ら
れたものなのですから，われわれの経験が新しい，いまだ探究さ

れない領域にはいって行くとともに，空間ならびに時間の古典的概念の場合と同様に，さらに進んだ概念へと変更されねばなりませんでした。

　私がだれかに，運動体がどの瞬間でもそれぞれある一定の位置をしめ，時間が経過するにつれ軌道と呼ばれる一定の線を描くということを，なぜ信ずるかとたずねたとすれば，その人はきっと「運動を観測するさい，このとおりのことを見るからだ」と答えるでしょう。軌道という古典的概念を作り出すこの方法を分析してみましょう。そして実際に一定の結果になるかどうかを調べてみましょう。このために，ある物理学者がいくらでも感度のよい装置を使って，実験室の壁から投げ出された小さな物体の運動を追跡できると考えて下さい。彼は物体がどう運動するかを「見ること」によって観測しようと思い，このために小さいけれども非常に精密な経緯儀を用います。もちろん運動体を見るためには照明を与えなければなりません。ところが光は一般に物体に圧力を及ぼして，その運動をかく乱するおそれのあることを知っていますので，観測しようと思う瞬間だけ短い閃光照明を使うことにきめます。まず最初の試みとして，軌道の上のわずか 10 ヵ所だけを観測しようと思います。そこで引きつづき 10 回照明を与えても光の圧力の全効果が必要な正確度以内にあるように，弱い閃光

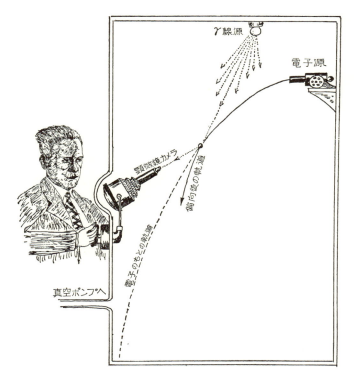

ハイゼンベルクのガンマ線顕微鏡。

光源を選びます。かくして，必要な正確度を持った軌道上の点を
10 カ所求めることができたわけであります。

　さて彼は実験をくり返して，今度は 100 カ所の点を求めようと

思います。引きつづき 100 回も照明を与えれば，相当運動をかく乱することを知っていますので，第 2 の実験装置として用意してあった，さきの10分の 1 の強度をもった閃光燈を使います。1000 ヵ所の点を必要とする第 3 の実験の装置としては，最初の閃光燈の 100 分の 1 の弱いものを用います。

この方法を進めて，照明の強度をたえず減じてゆくと，可能な誤差が最初に選んだ限度を越さぬようにしながら，軌道上の点をいくらでもたくさん求めることができます。この高度に観念化された，しかし原理的にはまったく可能な方法は，「運動体を見る」ことによって軌道の運動を構成する厳密に論理的な方法を表わしています。また諸君も，古典物理学の見地からしてまったく可能なことであるとお思いでしょう。

しかしながら，さて量子的制限を導入し，いかなる輻射の作用も光量子という形でのみ遷移し得るという事実を考慮に入れたならば，どんなことが起こるかを調べてみましょう。さきには，実験者が運動体を照らす光を常に適当に小さくできると考えましたが，今度はこのように小さくしていっても，一作用量子までゆくと，もはやそれ以上小さくできなくなると考えねばなりません。全光量がすべて運動体から反射されるか，１つも反射されないかどちらかです。そうして後の場合には観測することはできないの

です。もちろん光量子との衝突によって受ける作用は，波長が長くなるとともに小さくなってゆきます。また観測者もこのことを知っていますから，観測の回数が増してゆくのをおぎなうために，おそらくだんだん長い波長の光を観測に使ってゆくでしょう。ところがここで彼は他の困難に遭遇いたします。

　ある波長の光を使うと，その波長より短い所はこまかく調べられないということはよく知られています。実際，だれだって壁を塗る刷毛では細密な絵は描けないでしょう。このようにだんだん長い波長の光を使ってゆけば，各点の位置の決定をそこなってゆき，ついには各点の位置が実験室，否それ以上の大きさに匹敵するくらい不確定になるようなことになってしまいます。かくして彼は，観測点の数と各点の不確定さとを折衷しなければならなくなり，古典物理学者が得たような，数学的な精密な軌道にはけっして到達することはできないでしょう。せいぜい，いくらか幅をもったぼんやりした帯状のものが得られるくらいで，彼がもし軌道の概念の基礎をこの実験結果におくならば，古典的概念とやや異なったものになるでしょう。

　ここで論議した方法は光学的な方法でしたが，今度は力学的方法を使ってやるという可能性もあるわけです。このために実験者は，何か微小な力学的装置を考案いたします。たとえば，小さな

バネの先に小さな鈴をつけます。

鈴をバネの先につけて，力学的物体がそばを通るとその通過をしらせるようにしておきます。このような「鈴」を，運動体が通ると思われる空間にたくさん配布しておくことができます。そうしておけば，物体が通過すれば「鈴が鳴って」軌道を示してくれます。古典物理学では「鈴」をいくらでも小さく，また敏感にすることができて，無限に小さい鈴を無限に多くおいた極限の場合においては，ふたたび必要な正確度をもって軌道の概念を得ることができます。ところが，力学系に量子的制限が存在するために，またもや状況がそこなわれます。もし「鈴」が非常に小さけれ

ば，運動体からうばう運動量が式(3)によって非常に大きくなり，
1つの鈴と衝突しただけでも運動は非常にかく乱されます。もし
鈴が大きければ，各点の不確定さが非常に大きくなります。けっ
きょく得られた軌道はまたもや広がった帯状のものとなります。

このように，実験者が軌道を観測しようとするというふうに考
察を進めてゆくと，何か非常に技術上の問題であるかのような印
象を与えますために，たとえ，さきの観測者が使ったような方法
で軌道を定めることができなかったとしても，何か別なもっと複
雑な装置を考案すれば，必要な結果が得られるように諸君が考え
られはしないかとおそれるのです。しかしながら，われわれがこ
こで論議したことは，どこかの物理実験室でとくになされた実験
ではないのです。ただ，物理学的測定に関するもっとも一般的な
疑問を観念化したものにすぎないことを忘れてはなりません。

この世界に存在する作用が，輻射場によるものか純粋に力学的
なものかどちらかに属するかぎりは，いかに精巧をきわめた測定
機構といえども，必然的にこの2つの方法で表わされる要素に帰
せしめられて，けっきょく同一の結果を導きます。この観念的な
「測定装置」が物理的世界をすべて包含し得るかぎりは，正確な
位置とか，精密な軌道の形とかいったものは，量子法則の支配す
る世界ではまったく意味を失ってしまいます。

　さて，先の実験の話しにもどって，量子条件によってもたらされた制限を数学的に表わしてみましょう。われわれはすでにここで用いた２つの方法において，位置の決定と運動体の速度のかく乱との間に常に相容れないものがあることをしりました。光学的方法の方を考えてみますと，力学における運動量保存の法則から，粒子が光量子と衝突すればその運動量に光量子の運動量と同程度な不確定さを生じます。ですから式(2)を使って粒子の運動量の不確定さを，

$$\Delta P_{粒子} \cong \frac{h}{\lambda} \qquad \cdots\cdots\cdots\cdots(4)$$

で表わすことができます。これと粒子の位置の不確定さが波長によって与えられる（$\Delta q \cong \lambda$）ことを考え合わせますと，

$$\Delta P_{粒子} \times \Delta q_{粒子} \cong h \qquad \cdots\cdots\cdots\cdots(5)$$

という関係が得られます。

　力学的方法の方では，運動体の運動量は「鈴」がうばった量だけ不確定になります。式(3)を使い，さらにこの場合の位置の不確定さは，鈴の大きさで与えられる（$\Delta q \cong \lambda$）ことを考え合わせれば，ふたたびさきの場合と同一の制限式に到達します。関係式(5)は，ドイツの物理学者ヴェルナー・ハイゼンベルクによって最初に数式化されたものですが，これは基本的不確定性——量子

論的関係——すなわち位置を明確に決定しようとすれば，それだけ運動量が不確定になり，また，その逆もいい得ることを表わしています。

運動量とは，運動体の質量と速度の積で与えられるものですから，

$$\Delta v_{粒子} \times \Delta q_{粒子} \cong \frac{h}{m}_{粒子} \qquad \cdots\cdots\cdots\cdots\cdots(6)$$

という形に書きかえることもできます。われわれが普通取り扱っている物体では，これは途方もなく小さなものです。軽いホコリの粒子で0.0000001グラムの質量をもったものでも，位置も速度もともに0.00000001パーセントまで正確に測定できます！ ところが電子（10^{-29}グラムの質量をもっています）の場合では積 $\Delta v \Delta q$ の値は 100 の程度の大きさです。原子内電子の速度は電子が原子から飛び出さないかぎり，少なくとも 毎秒 $\pm 10^{10}$ センチメートルの範囲の値をもつと考えられますから，位置の不確定さは 10^{-8} センチメートルになります。これはすなわち原子1個の大きさであります。これくらいに原子内電子の軌道が広がっているので，軌道の「厚さ」が原子の半径に等しくなります。**だから電子が原子核の周囲全体に同時に存在するように見えるのです。**

いままで20分間にわたって，運動に対する古典的概念の批判に

よって，いかにみじめな結果が得られるかを示してきました。洗練され，かつ，厳密に定義された古典的概念はこなごなに打ちくだかれ，形のないいわば「粥」のようなものによって置きかえられてしまいました。そこで諸君は，物理学者が一体いかにして種種の現象を，この広漠とした不確定性の見地から，叙述しようとしているのかとたずねられるでしょう。それに対してわれわれは古典的概念を打ちくだきはしましたが，いまだ新しい概念の厳密な数式化に成功していませんと申し上げるよりほかありません。

いまからこれについてお話しいたしましょう。物体が広がっているために，物体の位置を一般的に数学的な点により，また運動の軌道を数学的な線によって定義することができないとすれば，空間の各点におけるいわば「粥の密度」を与える他の記述方法を用いるべきであることは明らかでありましょう。数学的には，連続関数（流体力学に用いられるようなものです）を用いることを意味します。物理学的には「この物体は大部分ここに存在するが，部分的にはそこにも向こうの方にも存在する」とか「この銅貨は私のポケットに75パーセント，あなたのポケットに25パーセント存在する」といったような表現を用いなければならなくなります。こんなことをいうと諸君は目を丸くなさるでしょうけど，量子常数の値は小さいのですから，日常生活においてはこん

なことは必要でありません。けれども原子物理学を研究しようと
なさる時には，まず第1に，このような表現になれることをおす
すめいたします。

　ここで，「存在の密度」を表わす関数が一般の3次元空間にお
いて物理的実在性をもつのだといったような，誤まった考えをい
だかないように注意して下さい。実際，たとえば2個の粒子の運
動を記述する場合に，第1の粒子がある位置にあり，同時に第2
の粒子が他の位置にあるという問題を取り扱わねばなりません。
このためには6個の変数（2粒子の座標）の関数を用いねばなり
ませんが，6個の変数を3次元空間の中に「置く」ことはできま
せん。もっと複雑な系には，さらに多くの変数をもった関数を用
いなければなりません。この意味からして「量子力学的関数」
は，古典力学における多粒子系の「ポテンシャル関数」や，統計
力学における1つの系の「エントロピー」に類似しています。こ
れはただ運動を記述したり，与えられた条件のもとにおける特殊
な運動の結果を予測する助けとなるだけであります。物理的実在
性は粒子に限られているのでありまして，粒子の運動はわれわれ
が記述するものにすぎないのです。

　どの程度まで粒子または粒子系が空間に広がっているかを記述
する関数に対して，何か数学的記号をつける必要があります。こ

れはオーストリアの物理学者エルビン・シュレーディンガーによって "$\Psi\overline{\Psi}$" という記号で表わされました。彼はまた，この関数の変化を定める方程式を最初に与えたのです。

　私はここでシュレーディンガーの基礎方程式の数学的証明に立ち入ろうとは思いませんが，これの基礎を導き出した要請を注意しておきたいと思います。これらの要請の中でもっとも重要なものは非常に異様なもので，**物質粒子の運動を記述する関数が波動としてあらゆる性質を示すように，この方程式を与えねばならぬ**というのであります。

　物質粒子の運動に波動的性質を付与する必要は，原子構造の理論的研究にもとづいて，フランスの物理学者ルイ・ド・ブロイによって最初に指摘されました。数年後には物質粒子の波動性が多くの実験によってしっかりと確立されました。これらの実験は，小さな隙間を通過する電子線に**回折現象**の起こることや，**干渉現象**が分子のような比較的大きな複雑な粒子においても起こることを示しています。

　物質粒子に波動的性質が観測されたことは，運動に関する古典的概念の見地からしてまったく不可解なことでしたので，ド・ブロイ自身もいささか不自然な見解をいだかざるを得ませんでした。すなわち，粒子はその運動をいわば「案内する」ところの波

動を「随伴する」のだとしたのです。

しかしながら，古典的概念が打ち破られるとすぐに，運動を連続関数で記述することが考えられ，波動性の必要が非常に理解しやすくなりました。関数 "$\Psi\overline{\Psi}$" の伝ばんは，（いってみれば）一方を熱した壁の中を伝わる熱のようなものではなく，むしろ壁を伝わる力学的ひずみ（音響）に類似したものであるといえます。数学的にこれから述べるように，一定したというよりむしろ制限された関数形を必要とします。この基本条件により，また量子効果が無視できるほど大きな質量の粒子に適用する場合，方程式が古典力学の方程式に等しくならねばならぬという付加的要求によって，方程式を求める問題が事実上純粋に数学的な演習問題となってしまいます。

もし諸君が，最後にどんな形の方程式が得られるか見たいと思われるなら，ここに書いてみましょう。

$$\Delta^2\Psi+\frac{4\pi mi}{h}\dot{\Psi}-\frac{8\pi^2m}{h^2}U\Psi=0 \qquad \cdots\cdots\cdots(7)$$

この方程式で，関数Uは粒子（質量m）に作用する力のポテンシャルを表わし，与えられた力の分布における運動の問題に一定の解を与えます。この「シュレーディンガーの波動方程式」が生まれてから十数年の間に，物理学者はこの方程式を原子の世界の

現象に適用して，もっとも完全な，論理的に矛盾しない原子の像を発展させました。

　諸君のうちには，私がいままでに量子論に関連してよくいわれる，「行列（マトリックス）」という語を使わなかったことを不審に思う人があるでしょう。私としては正直なところ，どちらかというとこの行列（マトリ）が嫌いなのでして，これを使わずにやってゆきたいのです。しかし諸君がこの量子論の数学的道具を全然知らないのも困りますから，ひとこと，ふたこと述べておきます。1個の粒子または複雑な力学系の運動は，先に述べましたように，常に一定の連続波動関数によって表わされます。これらの関数はしばしば複雑な形をしています。それで，複雑な音響が多くの単純な調子の音によって構成されるのとまったく同様に，多くの単純な振動，いわゆる「固有関数」によって構成されているものとして表わすことができます。あらゆる複雑な運動をその種々の成分の振幅によって表わすことができます。成分（倍音）の数は無限ですから，振幅を表わす無限の表を，

$$q_{11} \quad q_{12} \quad q_{13} \quad \cdots\cdots\cdots$$

$$q_{21} \quad q_{22} \quad q_{23} \quad \cdots\cdots\cdots$$

$$q_{31} \quad q_{32} \quad q_{33} \quad \cdots\cdots\cdots$$

$$\cdots\cdots\cdots\cdots\cdots\cdots\cdots\cdots\cdots\cdots\cdots\cdots(8)$$

の形に書かねばなりません。このような比較的簡単な数学的演算法則に従う表を，与えられた運動に対応する「行　列（マトリックス）」と呼びます。一部の物理学者は波動関数そのものを取り扱わないで，好んで行列によって演算をいたします。このようにこの，ときに「行列力学（マトリックス）」と呼ばれる力学は，まったく一般の「波動力学」の数学的変形にほかならないのです。ですからこの講義では主として重要な問題に限って，これらの問題にあまり深く立ち入る必要はないと思います。

　時間が許さないので，量子論がさらに発展していって，相対性理論と関係をもつようになるところまでお話しできないのは大へん残念です。この発展は，主にイギリスの物理学者ポール・アドリアン・モリス・ディラックの研究によってなされましたが，非常に興味あるさまざまの結果をもたらし，きわめて重要な実験上の発見を導きました。いずれこれらの問題に帰って論ずることのできる時があると思いますが，いまはここで止めておかねばなりません。この一連の講演が，物理的世界の現在における概念をはっきり心に描いていただく助けとなり，諸君にさらに研究してみようという興味を引き起こすことができたとすれば，望外の幸せであります。

第8話　量子のジャングル

　翌朝，トムキンス氏が寝床の中でうつらうつらしていると，だれか部屋にはいってきたので目を覚ましました。部屋を見まわすと，例の老教授がひじかけイスにすわり，ひざの上に地図を広げて一生懸命調べていました。

　「さあ，わしについてこないかね？」と教授は顔をあげてたずねました。

　「え，どこへ？」とトムキンス氏は，教授がどうして自分の部屋へはいってきたかといぶかりながら申しました。

　「ゾウを見に，量子のジャングルへ。もちろん，ゾウばかりでなく他の獣もいっしょに見るのだ。私たちがこの間行った玉突き場の親父が，彼の玉突きの玉にしているぞうげの出所の秘密をあかしてくれたのだ。地図の上に赤鉛筆で印をつけた部分が見えるかね？　この中の物はすべて非常に大きな量子常数をもつ量子法則に従うのだと思われる。土人はこの部分を悪魔の住家だといって恐れているから，案内人が見つからんかもしれないと心配しているのだ。いっしょに行きたいなら早く支度するがよい。出航

までには1時間ばかりあるが，途中でリチャード卿を連れに行かねばならない。」

「リチャード卿というとどんな人ですか？」とトムキンス氏はたずねました。

「君知らないかね？」 教授は明らかに驚いたようでした。「有名なトラ狩りの名人だよ。わしがおもしろい獲物が得られると保証したので，ついてくることになったのだ。」

2人が波止場へきてみると，ちょうどリチャード卿のライフル銃や，教授が量子のジャングルの近くに出る鉱石から採っておいた鉛で作った，特別な弾丸のはいったたくさんの長い箱を積み込んでいました。トムキンス氏が荷物を船室で整理しているうちに，船はエンジンの音をひびかせながら港を出て行きました。海路の旅は何もかわったことはありませんでしたので，トムキンス氏は魅惑的な東洋のある町へ着くまで，ほとんど時間のたつのを忘れていました。この町は神秘な量子のジャングルからほど遠からぬ植民地なのでした。

「さてこれから」と教授は 申しました。「奥地へはいって行くためにゾウを1匹買わねばならない。土人がわれわれについてくることを承知すまいと思うから，われわれでゾウを乗りまわさねばなるまい。トムキンスさん，君ひとつこの仕事を引き受けてく

れたまえ。わしは科学上の観測でとても忙しいし、リチャード卿は鉄砲を撃たねばならんからな。」

　町はずれのゾウ市場にやってきたトムキンス氏は、そこで自分が操縦しなければならない巨大なゾウを一目見てゆううつになりました。リチャード卿はゾウについてくわしいので、立派な大きなゾウを1匹選んで市場の主人に値段をたずねました。

　「ラップ　ハンウェッコ　ホボ　ハム。ハゴリホ　ハラハム　オホホ　ホヒ」と白い歯を光らせながら、土人は申しました。

　「この男は非常に高いことをいってるんですよ」とリチャード卿は訳してくれました。「だけど量子のジャングルからとってきたゾウだから普通より高価なのです。これにしましょうか？」

　「よろしいとも」と教授は申しました。「ときどき量子の国からゾウが逃げてきて、土人につかまるという話しを船で聞いている。他の土地のゾウよりはるかにすぐれているし、われわれの探検ではこのゾウがジャングルの中になれているから本当に好都合じゃないか。」

　トムキンス氏はあちらこちらからゾウを点検してみました。実に美しい大きな獣でしたが、動物園で見たゾウとこれといって違いはありませんでした。教授に向かって申しました、「量子のゾウだとおっしゃいましたが、私には普通のゾウとしか受け取れま

せんけど。それにこやつの同類のきばから作った玉突きの玉のように奇妙な真似はしないじゃありませんか。なぜ八方へ広がらないのです？」

　「本当にものわかりの悪いご仁だな」と教授が申しました。「それは質量が非常に大きいからだよ。わしは以前，位置と速度の不確定さはその質量による*，すなわち質量が大きければ大きいほど不確定さが小さいということを話してあげたはずだ。だからこそ，量子法則が普通の世界ではチリのような軽い粒子においてさえ観測されないけれども，10億の10億倍も軽い電子ではまったく重要な役割を演ずるようになるのだ。ところで，量子のジャングルでは量子常数は相当大きいけれども，ゾウのような重い獣の動作にいちじるしい効果が現われるほど大きくないのだ。量子のゾウの位置の不確定さを知るには，輪郭を綿密に点検してみないとわからない。こやつの皮膚の表面がはっきりしていないで，少しぼけているように見えるだろう。時間の経過とともにこの不確定さはだんだんに増してゆく。土人たちが，量子のジャングルの年老いたゾウは長い柔毛をもっている，といい伝えている原因は，この不確定な所にあるとわしはみている。小さい獣ではしか

---

　*　位置と速度の不確定さはその質量による。141ページの(6)式を参照して下さい。

し，非常にはっきりとした量子効果を示すだろうと期待している
のだ。」

　「ウマの背にまたがって探検に行くのでなくて助かったな」と
トムキンス氏は思いました。

　「もしそうだったら，たぶんウマが鞍の下にいるのやら，向こ
うの谷間にいるのやらわからなくなってしまうに違いない。」

　教授とライフル銃をもったリチャード卿はゾウの背につけたカ
ゴの中にあがって行き，トムキンス氏は御者という新しい役目を
背負って，突き棒を片手ににぎってゾウのくびに座をしめまし
た。そこで神秘のジャングル目指して出発いたしました。

　町の人からジャングルまで1時間あまりかかると聞いて，トム
キンス氏はその間にゾウの両耳の間で平衡をとりながら，教授か
らもう少し量子現象について教わろうと思いました。

　「ひとつ教えて下さいませんか」教授の方を振り返りながらた
ずねました。「なぜ質量の小さい物体には変なことが起こるので
すか？　また，あなたがよく話される量子常数とは，わかりやす
くいってどんな意味なんですか？」

　「ああ，たいしてむずかしいことじゃないよ」と教授は申しま
した。「量子の世界ですべての物体に奇妙なことが観測されるの
は，君がそれらを見つめるためなのだ。」

「つまり恥ずかしがるってわけですか？」とトムキンス氏は笑いながら申しました。

「『恥ずかしがる』などということばを使ってはいけない」と教授はまじめな顔でいいました。

「要は運動を観測しようとすると，必然的にその運動をかく乱するという点にあるのだ。実際，物体の運動について知るということは，運動体が感覚の上に，または用いている観測装置の上に何か作用を及ぼすことを意味するのだからな。作用反作用の法則から測定装置もまた物体に作用を及ぼすことが結論される。いわば運動が『そこなわれる』わけだな。それでその位置と速度に不確定さが生まれるのだ。」

「ですけど」トムキンス氏は申しました。「私が玉突き場で玉に指をふれたのなら，たしかにその運動をかく乱したことになりましょうが，私は玉を見ていただけなんですよ。それでもかく乱したことになるんですか？」

「もちろんそうだ。暗闇では玉を見ることはできないが，光をあてるとその光線が玉で反射されるから見える。その光が玉に作用して——われわれは光の圧力と呼んでいるが——その運動を『そこなう』のだ。」

「しかし非常に精密な感度のよい装置を使ったら，装置が運動

体に及ぼす作用を無視できるほど小さくすることができはしないかと思われますが。」

「それがすなわち**作用量子**の発見される以前に，古典物理学において考えられていたことなのだ。今世紀の初め，いかなる物体に及ぼす**作用**もある限界より小さくすることはできないことが明らかになった。その限界を量子常数と呼び一般に符号『h』で表わされる。普通の世界では作用量子は非常に小さくて，通常の単位を用いて表わすと小数点以下にゼロが27もつく。そのために電子のように，非常に質量が小さくてわずかな作用にも影響されるような軽い粒子の場合にだけ重要になってくるのだ。これから行く量子のジャングルでは，その作用量子が非常に大きいのだ。そこはおだやかな動作の許されない荒っぽい世界で，この世界の住人が子ネコをなでてやろうと思っても，ネコは何とも感じないか，最初の愛撫の量子でくびの骨を折られてしまうかのどちらかだ。」

「みなよくわかりました」とトムキンス氏は思慮深そうに申しました。「けれどもだれも見ていない時は，物体は普通考えられているような具合にちゃんと運動するわけじゃないかと思うんですが。」

「だれも見ていない時は，だれも物体がどんなに運動したか知

らないわけだから，君の質問は物理的意味をもっていないな。」

　「そんなもんですかね」トムキンス氏は大声でいいました。
「どうも哲学の問題みたいですね？」

　「哲学といいたいならいいたまえ」——教授はどうやら立腹の
模様でした——「しかし実際のところ，**知り得ない現象について
論ずるなかれ**——というのは現代物理学の根本原理なのだ。哲学
者は無視するかもしれんが，現代理論物理学はすべてこの原理に
基礎をおいているのだ。たとえば，かの有名なドイツの哲学者カ
ントにしても，物の特性について『われわれにいかに見えるか』
ということにより『物自体がいかにあるか』を反省することに一
生を費やしている。現代の物理学者にはいわゆる『オブザーバブ
ル』（すなわち主として観測可能なものをいうが）だけが意義を
持ち，現代物理学者はみなオブザーバブルの間の相関関係に基礎
をおいている。観測できないものを暇つぶしに考えてみるのもよ
かろう——君がそんなものを創り出すのは勝手だ。だが存在をた
しかめる可能性もなければ，利用することもできないよ。まあわ
しは……。」

　この時ものすごいウナリ声が大気をふるわせました。ゾウがは
げしくからだをけいれんさせたので，トムキンス氏は危うく落っ
こことされるところでした。トラの一群がゾウを襲ってきて八方か

ら同時に飛びかかりました。リチャード卿はすばやくライフル銃
をかまえるや，一番近いトラの両眼の間をぴったりねらって引き
金をひきました。次の瞬間，トムキンス氏は卿が狩猟者に共通な
強いうめき声を出したのを聞きました。弾丸はまさしくトラの頭
をつらぬいたはずなのに，トラはちっとも傷を受けていませんで
した。

「どんどん撃ってくれ！」と教授は叫びました。「きっちりね
らわなくていいから，ぐるりをずっと撃ちまくってくれ！　トラ
はたった１匹なのだ。ゾウのまわりにずっと広がっているだけ
だ，ただハミルトニアンを引きあげればよいのだ。」

教授も１丁のライフル銃をとってかまえました。轟然たる銃声
と量子のトラの咆哮とが入りまじって森にひびき渡りました。す
べてが終わるまでに大へん長い時間が経過したようにトムキンス
氏は感じました。弾丸の１つが「急所に当たる」と，驚いたこと
にはトラはたちまち１匹になり，勢いよく投げ飛ばされました。
死体は空中に弧を描いて彼方のシュロの木陰に落ちました。

「ハミルトニアンてどんな人ですか？」とあたりが静寂に帰っ
た時，トムキンス氏はたずねました。「有名な狩猟家で助太刀に
墓穴から引きあげようと思ったんですか？」

「や，これは失礼した」と教授は申しました。「猟に夢中にな

トラの一群がゾウを襲って八方から同時に飛びかかりました。

って君にわからない術語を使ってしまった。ハミルトニアンは2物体間の量子的相互作用を表わす数学的表現なのだ。これはこの数学的形式を初めて使ったアイルランドの数学者，ハミルトンの名からつけられたのだ。量子の弾丸をたくさん撃って，弾丸とトラの相互作用の確率を増そうといいたかったのだ。量子の世界ではご覧のように，正確にねらうことも，必中を期することもできない。弾丸が広がりをもっている上に，ねらい自身も広がっているので，常にただ一定の命中の確率があるだけで，百発百中というわけにはゆかないのだ。いまわれわれはトラを倒すのに少なくとも30発は撃っているから，命中した弾丸の作用は非常に大きく，トラがあんな遠方へ投げ飛ばされたのだ。同じようなことがわれわれの世界でも常に起こっているが，規模が小さくてわからないだけなのだ。前にもいったように普通の世界でこんな現象を知ろうとするには，電子のような小さな粒子について研究しなければならない。原子は比較的重い核と，そのまわりをまわっている数個の電子とから構成されていることは知っているだろうな。初めはだれも原子核のまわりをまわる電子の運動を，太陽のまわりをまわる遊星の運動とまったく類似したものと考えがちだが，よく調べてみると，普通に考えられている運動の概念は，原子のような微細な世界では粗雑すぎることがわかる。原子内で重要な

役割を演じている作用は，基本的な作用量子と同程度の大きさの
ものだから，全体の像は広く広がってくる。原子核をまわる電子
の運動は，いろんな点で，ゾウをすっかり取り巻いたように見え
たトラの運動と類似しているのだ。」

　「では，われわれがトラを撃ったように，だれか電子を撃った
人がありますか？」とトムキンス氏はたずねました。

　「ああ，もちろんあるよ。原子核自身が時々非常にエネルギー
の大きな光量子，すなわち基本的な作用単位の光を放出するの
だ。または原子の外部から光線で照らしつけて電子を撃つことも
できる。すると，ここでトラに起こったと同じことが起こるの
だ。多くの光量子は電子に作用を与えないでそばを通るが，どれ
か1つが電子に作用すると原子から外へ放り出す。量子系はだん
だんと作用を受けることができない。全然作用を受けないか，大
きな変化を与えられるかどちらかなのだ。」

　「量子の世界では子ネコをなでてやろうとすれば，かわいそう
に死んじまうのと同じりくつなんだな」とトムキンス氏は考えま
した。

　「カモシカだ！　たくさんいるぞ！」とリチャード卿は叫ぶや
ライフル銃を取り上げました。見ると本当にカモシカの大群がシ
ュロの林から現われてきました。

リチャード卿は銃をかまえましたが，教授はそれを
おしとどめました。

「このカモシカはよく仕込んであるな」とトムキンス氏は思い
ました。

「練兵場の兵隊さんのように隊伍を整えて走って行く。これに
も何か量子効果があるのかしら。」

カモシカの群れはゾウの方へすばらしい速さで近づいてきまし
た。リチャード卿は銃をかまえました。けれども教授はそれをお
しとどめて申しました。

「撃っても無駄だよ，1匹の獣が回折格子の中を通っている時
はめったにあたらないよ。」

「え？ 1匹の獣ですって？」リチャード卿は叫びました。「少なくとも数十匹はいますのに？」

「いいや違う！ ただ1匹のカモシカが何かにおびえて林の中を走っているのだ。さて『広がった』物体はすべて普通の光と類似の性質をもっているので，たとえばタケヤブのタケの幹の間のように，規則正しく並んだすきまを通り抜けると回折現象を起こすのだ。回折現象については学校で習ったろうけど，われわれは物質の波動としての性質を考えるのだ。」

しかしながら，リチャード卿もトムキンス氏も「回折」という神秘なことばの意味がちっともわかりませんでしたので，ここでばったり話もとだえてしまいました。

量子の国をさらに奥深く進んで行くうちに，種々さまざまな興味深い現象に出くわしました。質量が小さいためにまったくどこにいるかわからないような量子の蚊やら，大へんおもしろい量子のサル等がいました。まもなく土人の部落と思われる所へ近づいてまいりました。

「この地方に人間が住んでいるとは知らなかった」と教授は申しました。

「あの騒ぎは何かお祭でもやっているのに違いない。あのひっきりなしの鈴の音をきいてごらん。」

　大きなかがり火のまわりで野蛮な踊りを踊っている土人の影が
どうしても1人1人見分けがつきませんでした。大小さまざまの
鈴をつけた黒い手を，しょっちゅう上にあげて踊っていました。
近づくにつれ，小屋もまわりの大きな木も広がり始め，鈴の音も
がまんできかねるほど，うるさくなってきました。彼は手を伸ば
して何かをつかむと投げつけました。

　目覚まし時計はすっ飛んで寝台の棚にあった水差しにあたった
ので，冷い水を頭から浴びて目を覚ましました。はね起きるとあ
わてて洋服をつけ始めました。銀行のはじまる時間にあと30分し
かありませんでした。

訳者あとがき

　ジョージ・ガモフは，もっと有名な理論物理学者レフ・ランダウと同じレーニン大学の卒業生であった。

　この2人は修業時代はともに西ヨーロッパの研究中心を渡り歩いたが，やがてランダウの方は祖国に帰って，国宝的存在となり，ガモフはアメリカに渡って気ままに暮らした。対照的にちがうところもあるが，ひどく似ているところもある。似ているところの一つは，2人ともレパートリーがひどく広いことである。

　1953年，戦後日本で開かれた最初の国際学術会議として理論物理学の集まりがあったが，その3年後にシアトルで，"そのお返し"国際会議が開かれたとき，訳者はガモフの姿を見た。ランダウも参加する予定であったが，ついに現われず，会場にはもっと若いソビエトの研究者が数人いたにすぎない。この連中をつかまえて，ガモフがしきりにからかっているのであった：ロシアに行って，磁性の理論の指導者はだれかねときくと，ランダウだと答える；超伝導の理論の中心人物はだれかと聞くとランダウだと答える；超流動の理論ではだれが重きをなしているかときくと，ラ

ンダウだと答える；宇宙線のカスケード理論の指導者 は と き く と，ランダウと答える；……。何でもランダウなんだ。

しかしランダウは物理の範囲の中で大活躍したのに対し，ガモフは物理からもはみ出して活躍したようである。物理の中でも，量子力学のトンネル効果，原子核のアルファ崩壊の理論，宇宙における原子核の生成の理論，宇宙創造論，生物の遺伝情報理論の最初のきっかけと，全く領域が広いが，そのほかに科学の通俗解説に一つの新しい面を切り開いた。この「不思議の国のトムキンス氏」がそのような奇妙な解説書の皮切りであった。

訳者は，1961年ボールダーのコロラド大学を訪れたとき，ガモフの部屋も訪れたが，前に日本で会ったことも，訳者であることもとんと思い出してくれないので，いささかへこたれた。話はもっぱら最近発見された新粒子の中の共鳴粒子を，ガモフ流にどう直観的に解釈するかという点についてであったが，訳者はむしろ彼がものすごく太ってしまって，動くのさえ大儀そうな点に注意を奪われていた。そしてさすがのガモフさんも，もう盛りをすぎたなという印象を消すことができなかった。

ジョージ・ガモフは，1968年の夏（8月19日）に死んだ。奇しくも，レフ・ランダウが同じ年の春交通事故からついに回復せずに死んだのと前後している。

　ランダウやガモフが死んだことは，20世紀前半の驚くべき物理学の進歩が一段落したことを示すように見える。この大躍進の時代の中でランダウやガモフはむしろ後から参加した方であるから，その人たちが死んだことは，この時代が終わったことを示すものである。

　ガモフの本はそれでは古くなっただろうか。そうは思わない。相対性理論や量子力学の誕生は，人類の歴史の中でそうめったには起こらない革命的事件であって，それと同じような驚くべき変革がたえず起こると想像するのは誤りである。今後相当長い間相対論と量子論の成果は人類の知恵の中でその根底として働くだろうことは，それ以前のニュートン力学と同じようなことなのではなかろうか，そして相対論や量子論が生きながらえるかぎり，ガモフの解説書はその生命を保つだろうと思う。

　　1969. 1. 12

伏　見　康　治

『不思議の国のトムキンス』復刊にあたって

1940年にケンブリッジ大学出版局から出版された『不思議の国のトムキンス』は、それまでにない画期的な科学読み物として各国語に翻訳され、日本でも1942年に創元社から邦訳が刊行されています。

白揚社では第二次世界大戦後に版権を取得し、1950年に『不思議の國のトムキンス』とその続編『原子探険のトムキンス』（後に『原子の国のトムキンス』と改題）を出版。1951年から「現代自然科学の百科全書」と銘打って全9巻の『ガモフ全集』を刊行しました。ガモフは1959年に来日して全国を講演してまわり、好評を博しています。

1965年、ガモフは『不思議の国のトムキンス』と『原子の国のトムキンス』を1冊にまとめた改訂版『Mr Tompkins in Paperback』を刊行。当時最新の科学知見を追加し、章立てを入れ替え、旧版の挿絵を担当したジョン・フーカムに代わって自ら挿絵を描き下ろしています。これを受けて白揚社も、改訂版『ガモフ全集』を刊行。1991年にはこれを全4巻の『G・ガモフ・コレクション』に編み直し、現在まで版を重ねています。

今回の復刻版は、1969年発行の改訂版『ガモフ全集第1巻　不思議の国のトムキンス』を底本としました（装幀は1950年の白揚社初版より）。本書のまえがきとは異なり、この版ではフーカムの挿絵が使われていますが、ガモフが描き直した挿絵は『G・ガモフ・コレクション1　トムキンスの冒険』に収録されています。

（上）1959年の来日時に色紙を描くガモフ
（左）白揚社に宛てたガモフの色紙

訳者略歴

伏見康治
（ふしみこうじ）

1909年、愛知県に生まれる。1933年、東京帝国大学理学部物理学科卒業。理学博士。
名古屋大学プラズマ研究所所長、日本学術会議会長、参議院議員を歴任。大阪大学名誉教授、名古屋大学名誉教授。2008年歿。
『伏見康治著作集』（全8巻、みすず書房）、『伏見康治コレクション』（全4巻・別巻1巻、日本評論社）ほか著訳書多数。

不思議の国のトムキンス
［復刻版］

2016年8月20日　第1版第1刷発行
2022年6月17日　第1版第3刷発行

著　　者　ジョージ・ガモフ
訳　　者　伏見康治
発 行 者　中村幸慈
発 行 所　**株式会社 白揚社**
〒101-0062
東京都千代田区神田駿河台1-7
電話 (03)5281-9772
振替 00130-1-25400
装　　幀　清水博
　　　　　岩崎寿文（復刻版）
印刷・製本　中央精版印刷株式会社

ISBN978-4-8269-1000-2
© 2016 in Japan by Hakuyosha

G・ガモフ・コレクション

おもしろさとわかりやすさで定評ある名篇を全4巻に集成。
ガモフ得意のユーモラスなイラストももれなく収録した愛蔵決定版！

①トムキンスの冒険

伏見康治・市井三郎・鎮目恭夫・林一訳

世界各国で愛読されているトムキンス・シリーズ4作品を一冊にまとめた決定版。平凡な銀行員トムキンス氏と一緒に奇想天外な夢の世界を旅しながら科学理論が学べる不朽の名作。A5判　464ページ　本体価格4200円

②太陽と月と地球と

白井俊明・市井三郎訳

私たちが住む地球と、最も身近な天体である太陽と月について、物理学・化学・生物学などが明らかにした事柄を歯切れのよいテンポで明快に語り尽くす太陽系不思議百科。　　　A5判　458ページ　本体価格4200円

③宇宙＝1、2、3…無限大

崎川範行・伏見康治・鎮目恭夫訳

マクロとミクロの両極から宇宙像を描き出す名作『1、2、3…無限大』とビッグバン宇宙論をわかりやすく解説する『宇宙の創造』。さらにガモフ自伝『わが世界線』前篇も収録。A5判　512ページ　本体価格4200円

④物理学の探検

鎮目恭夫・野上茂吉郎訳

独特の筆致で古代から現代にいたる物理学の流れをわかりやすくまとめた『物理の伝記』、原子核物理学の先駆的な入門書『原子力の話』、ガモフ自伝『わが世界線』後篇を収録。　　　A5判　492ページ　本体価格4200円

＊定価は本体価格に消費税を加えた額です。